穂ヶ丘6〜11

I J K L M N O P

茨木市

大阪モノレール彩都線

市境

至 千里中央駅

# キャンパスに咲く花
### 阪大吹田編

福井　希一　編著
栗原 佐智子

大阪大学出版会

# はじめに

　大阪大学は、吹田、豊中、そして箕面に３つのキャンパスを有する。豊中キャンパス図書館辺りの大学らしい建物に囲まれ学生が闊歩する所、吹田キャンパス銀杏会館前から犬飼池にかけての深閑とした遊歩道など、それぞれのキャンパスはその歴史や研究内容を反映して異なった趣を有する。これらのキャンパスには青春という人生の最も晴れやかな一時代がしばし、託されるのである。

　春、満開を過ぎた桜は合格の喜びを確かなものとし、初夏、咲くツツジは倦怠感を誘うかもしれない。秋、銀杏やカエデの紅葉は急に難しくなった講義とともに季節以上の肌寒さを感じさせ、冬、椿や山茶花の花は慌しく過ぎ去った昨年の出来事の便となるかもしれない。教職員も人それぞれに、キャンパスに咲く花に時には励まされ、時には慰められるのである。

　本書は、吹田キャンパスを行きかう人たちが一隅に咲く花を見て楽しむだけでなく、少しだけ、より深く知るために編纂したものである。この小さな本を編むためにも７年という時間がかかり、多くの学生、院生、職員、教員の方々のお世話になった。特に阪大出版会鷲田清一会長、および大西愛編集員には大変お世話になった。また本書の取りまとめにあたっては大阪大学教育研究等重点推進経費の御支援を受けた。記して感謝の意を表するものである。

――――◆――――

　普遍的で永遠なる自然法則のどれを研究するにせよ、巨大な星あるいはもっとも小さい植物の、生命、生長、構造、運動に関してであろうと、われわれが自然の解釈者の一人になったり、世の中のために価値ある仕事を創造するものの一人になることができるには、諸々の偏見、定説、それに一切の個人的な偏見と先入観を取り除いておかなくてはなりません。そして忍耐強く、静かに、敬虔に、自然が教えてくれるはずの授業に、一つ一つ耳を傾けて従っていくことです。そうすれば、自然は以前謎であったものに光を注いでくれます。自然の真理を、それがわれわれをどこへ導いていこうと、示唆された通りに受け入れるとき、われわれは全宇宙が協調してくれているのを経験するのです。*

　　　無知は許されない唯一の罪悪である。
　　　　　　　　　　　　　　　*Luther Burbank 1849.3.7 - 1926.4.11*

　　　　　　　　　　　　　　2008 年、小雪ちらつくセンター入試の頃
　　　　　　　　　　　　　　　　　　　　福井希一・栗原佐智子

＊ピーター・トムプキンズ + クリストファー・バード / 新井昭廣訳『植物の神秘生活』工作舎 1987

# この本の使い方

　大阪大学吹田キャンパス内で観察された植物を季節ごとに分け、春夏秋冬の順に掲載した。本書に掲載した画像データは主に花の咲く時期を捉えているが、花が目立たず、実の方が観察しやすい場合はその最適な季節の中で紹介している。季節の中は、原則として牧野日本植物図鑑に従って科を配列し、ページ下部に四季を4色に色分けして科名を記した。科の中はページ上角の花の色で分けている。

　植物名は　和名　学名（属名　種小名）／ 英名 の順に記した。学名はラテン語で記されるため斜体で示し、var.は変種、f.は品種、cv.は園芸品種、×は交配、spp.は複数種を示す（例 **ミヤコグサ** *Lotus corniculatus* var. *japonicus* / bird's-foot trefoil）。例のミヤコグサは*Lotus*属（ミヤコグサ属）であることが学名から分り、種小名はその植物の特徴などを示す。本文中の**大きさ**は植物体全体の大体の高さである。学内での分布は特に観察しやすい場所を裏表紙の吹田キャンパス地図で読み取れるよう、記号で記しているが、分布が変化することもあるのでこの通りでない場合がある。文末の（　）内は**この植物について**の執筆者である。ここでは、可能なものは代表的と思われる和名の漢字表記を入れた。本文中わかりにくい言葉や表現は、参考と図示で解説するようにした。植物写真データは全て大阪大学吹田キャンパス内で撮影したものであり、撮影者のイニシャルを入れた。

## 注意（必ずお読みください）
学内の植物には接触によりかぶれや皮膚炎をおこす植物があるので、観察の際は充分注意してください。また、本文中に食用、薬用の記載があるものがあるが、あくまでも参考であり、植物の食用・薬用の利用については効果に個人差がある場合や、人により思わぬ作用が起こる可能性があるため、本書ではそれらに関しては責任が負えないことを最初にお断りしておく。

## 参考文献
『原色日本植物図鑑－草本編1合弁花類(1963)・草本編2離弁花類(1998)・草本編3単子葉類(1981)』保育社
『原色日本植物図鑑－木本編Ⅰ・Ⅱ(1981)』保育社
『難波恒雄著、原色和漢薬図鑑(上、下)(1980)』保育社
『野草図鑑－つる植物の巻(1984)・ゆりの巻(1984)』保育社
『朝日百科－世界の植物1～12(1980)』朝日新聞社
『原色野草検索図鑑－単子葉植物編(1997)・離弁花編(1996)・合弁花編(1996)』北隆館
『学生版原色牧野日本植物図鑑(1985)』北隆館
『日本の樹木－庭木、自然木428種ポケット図鑑(2004)』成美堂出版
『日本の野草・雑草－低山や野原に咲く471種ポケット図鑑(2004)』成美堂出版
『新装版日本の野生植物－木本Ⅰ(2001)・Ⅱ(2002)』平凡社
『新装版 日本の野生植物－草本Ⅰ(2002)・Ⅱ(2002)・Ⅲ(2002)』平凡社
『山渓ハンディ図鑑－野に咲く花(1989)』山と渓谷社
『山渓ハンディ図鑑－樹に咲く花　離弁花1・2(2000)』山と渓谷社
『山渓ハンディ図鑑－樹に咲く花　合弁花・単子葉・裸子植物(2001)』山と渓谷社
『山渓カラー名鑑－園芸植物(2002)・日本の野草(2003)・日本の樹木(2003)』山と渓谷社
『米田該典監、鈴木洋著　漢方のくすりの事典～生薬・ハーブ・民間薬～(1994)』医歯薬出版

# 目　　次

はじめに ・・・・・・・・・・・・・・・・・・・・・・・・・・・・・ i
この本の使い方 ・・・・・・・・・・・・・・・・・・・・・・ ii
花の思い出―平凡ですが桜かな ・・・・・・ 遠山正彌 ・・・・・ v
花は気持ちを和らげる活力源です ・・・・ 川合知二 ・・・・・ vi
花を見る楽しさ ・・・・・・・・・・・・・・・・・・・・・ 豊田政男 ・・・・ vii

## 春の植物106種　　　　　　　　　　　　　　　　1

キク科 2　アカネ科 18　オミナエシ科 20　オオバコ科 21　ゴマノハグサ科 24　シソ科 29　ムラサキ科 34　ツツジ科 36　ミズキ科 38　セリ科 40　グミ科 41　ジンチョウゲ科 43　スミレ科 45　センダン科 48　ツゲ科 49　カタバミ科 50　マメ科 53　バラ科 63　トベラ科 68　ユキノシタ科 69　アブラナ科 70　クスノキ科 74　アケビ科 75　キンポウゲ科 76　カツラ科 77　モクレン科 78　ナデシコ科 83　クワ科 87　ニレ科 88　ヤナギ科 90　ラン科 93　アヤメ科 95　ユリ科 97　イグサ科 98　イネ科 99　ヒノキ科 105　マツ科 106　トクサ科 107

　　植物の形の決まり方（松永　幸大）・・・・・・・・・・・・・・・・・・・・・108
　　薬になる植物（米田　該典）・・・・・・・・・・・・・・・・・・・・・・・・・・・110

## 夏の植物73種　　　　　　　　　　　　　　　　113

キク科 114　キキョウ科 119　ウリ科 120　アカネ科 121　キツネノマゴ科 123　ナス科 124　シソ科 125　クマツヅラ科 126　ヒルガオ科 128　ガガイモ科 131　キョウチクトウ科 132　サクラソウ科 133　ウコギ科 134　アカバナ科 135　ヒシ科 136　ザクロ科 137　ミソハギ科 138　オトギリソウ科 139　アオギリ科 140　アオイ科 141　ブドウ科 142　トチノキ科 143　モチノキ科 144　ニガキ科 145　トウダイグサ科 146　フウロソウ科 150　マメ科 152　バラ科 155　ユキノシタ科 157　ベンケイソウ科 158　アブラナ科 159　ケシ科 160　ツヅラフジ科 161　モクレン科 162　スベリヒユ科 163　ヒユ科 164　タデ科 165　ウマノスズクサ科 166　イラクサ科 167　クワ科 168　ヤマモモ科 169　ドクダミ科 170　ラン科 171　ヤマノイモ科 172　ユリ科 173　イグサ科 176　ツユクサ科 177　サトイモ科 178　イネ科 179　ガマ科 183　スギ科 184　ソテツ科 186

　　環境と植物（齊藤　修）・・・・・・・・・・・・・・・・・・・・・・・・・・・・・187
　　植物のいろいろ比較（栗原・山東）・・・・・・・・・・・・・・・・・・・・190

## 秋の植物54種　　　　　　　　　　　　　　　　　　　191

キク科 192　キキョウ科 203　ナス科 204　モクセイ科 205　カキノキ科 206　グミ科 207　ブドウ科 208　ウルシ科 211　トウダイグサ科 212　マメ科 213　マンサク科 223　キンポウゲ科 224　ヤマゴボウ科 225　アカザ科 226　タデ科 227　クワ科 230　ブナ科 231　ヒガンバナ科 238　ユリ科 239　カヤツリグサ科 241　イネ科 242　イチョウ科 245

　　　食糧としての植物（梶山　慎一郎）・・・・・・・・・・・・・・・・・・・246
　　　ひだまりに咲くオレンジ色の花（福井　希一）・・・・・・・・248

## 冬の植物18種　　　　　　　　　　　　　　　　　　　251

モクセイ科 252　ミズキ科 253　ウコギ科 254　ツバキ科 256　バラ科 259　マンサク科 263　メギ科 265　ヒガンバナ科 267　ヤシ科 268

　　　生きた化石―銀杏（福井　希一）・・・・・・・・・・・・・・・・・・・・270

## 資料　　　　　　　　　　　　　　　　　　　　　　　　273

　　阪大近隣植物の見所・・・・・・・・・・・・・・・・・・・・・・・・・・・・・・・・・274
　　世界の国花と日本の県木・・・・・・・・・・・・・・・・・・・・・・・・・・・275
　　花言葉・・・・・・・・・・・・・・・・・・・・・・・・・・・・・・・・・・・・・・・・・・・・279
　　植物用語図解・・・・・・・・・・・・・・・・・・・・・・・・・・・・・・・・・・・・281

　　　　　　あとがき・・・・・・・・・・・・・・・・・・・・・・・285
　　　　　　編者・執筆者・・・・・・・・・・・・・・・・・・286
　　　　　　索　引・・・・・・・・・・・・・・・・・・・・・・・・287
　　　　　　吹田キャンパスマップ・・・・・・・・前見返し


カバーの写真説明
〔表〕左上：ユキノシタ（本文中　夏157）、右下：ウマノスズクサ（本文中　夏166）
〔裏〕（学生と TA が授業中に撮影したもの）
　　上から下へ、左から右に順番に
　　　フロンティア研究棟壁面緑化、サトザクラ、校外実習風景
　　　ワルナスビ、オオキンケイギク、ノアザミ
　　　野外ワーク風景、ドクダミ
　　　キョウチクトウ、セイヨウタンポポ、さく葉作製実習
　　　講義風景、ヤエヤマブキ、ハルジオン

# 花の思い出
## ―平凡ですが桜かな

遠山正彌

　花の思い出といえば一番先に浮かぶのが桜です（まさに平凡な日本人ですね）。そのなかでもとりわけ昭和47年のことですね。青息吐息で医学部をなんとか卒業。3月末の国家試験も終了。なんと言っても私の学力です。合格するかどうかが当然心配になります。そこで、心の中で合格率と友人の成績から自分が合格しそうかどうかを下からの順位で推測します。あいつはあかん。こいつもあぶないな。かくして指折り数え、自分が下から何番目ぐらいにいるかを推測。落ちそうな推定人数より（当時は1、2人）自分がやや上位につけていることを確認。まあこれなら俺は落ちることはないと安堵。ほっとして、先輩のお世話で鳥羽にて行われていた医学部卓球部の春合宿に4月の2日よりでかけました。鳥羽近くの駅で降り合宿所に向かうまでの九十九折の道に桜の花の絨毯が延々と続きます。無粋な男の心にも美しく強烈な印象を残す光景でした。お世話いただいた先生と桜の下での宴会、麻雀浸りの夜、後輩から帰りの電車賃を巻き上げて悦に入る日々。一週間後、そのような合宿から戻ると今度は千里の桜が満開です。我が家の裏は千里でも有名な桜並木があります。「ああ、もう満開やな」と思うそのころ、父が急逝しました。11日のこと。59歳の若さでした。基礎医学の道を選んだ私の将来を「食べて行けるのか、良い研究ができるのか」などさぞ心配していたことと思います。外の桜の華やかな景色、散り始めの桜の花びらの優雅な舞、対照的な我が家の悲しみ。外の桜並木を見ながら複雑な思いが交錯したのを今なお、昨日のように思い出します。桜の季節は私にとっては春を楽しむ、しかしなんとなく昔に引き戻される、甘くてほろ苦い季節です。ちなみに卒業時、鳥羽での合宿をお世話いただいた先輩はその年の秋のOB－現役戦に勇躍参加されました。しかし試合前の練習中にアキレス腱を切断。無念のリタイアです。我々団塊の世代は還暦を迎えています。猛進してきた世代ですが、運動は年相応に程々という教訓ですね。

　医学部が中ノ島にあったころは街なかとはいえ結構季節の移ろいを花で感じたものです（新地だけが楽しみであったわけではありません）。医学部玄関前の和タンポポ。「移転の時には移さなあかんな」と言いつつ忘れ去られてしまいました。松下講堂前の見事な桜は新入生に希望の春を感じさせるだけではありません。夕刻になると何組かの教職員、学生の集団が花見の宴を催し交流にこれ勤めたものです。千里は木々も多く、季節感に溢れた街です。しかし移転後の医学部にはこれといった代表的な華やかな花は見当たりません。ましてや医学部には卒業生が医学部を思い浮かべるシンボルタワーもありません。そこで、医学研究科長になった年、桜の木を5本寄仕し、植樹は正面玄関の階段横の芝生に御願いしました。何年もたってこれらの木々が成長したときにはフレッシュな新入生の印象に医学部の桜が残ることを期待して。またそのころには職員、学生の交流の場が再現できているかもしれませんね。もちろん帰りの飲酒運転は厳禁です。

（写真：山東智紀）

# 花は気持ちを和らげる活力源です

川合知二

　花の景色を見るのが好きで、時間がなかなか取れませんが機会があれば出かけます。春と夏には研究室でハイキングに行きますし、学会の合間などに時間があればふらっと散歩に出ることもあります。私にとって、花は一つのカレンダーのイメージがあります。1月末から2月の梅、3月の桃の節句の桃、3月下旬から咲く桜という順に思いがちですが、実際に私が見る花は桃と桜の時期が逆転しています。

　早春にやっと冬があけたと兆しを感じるのが梅です。南高梅（いわゆる梅干しの梅）は白っぽく目立たない花ですので、2月下旬から咲く月ヶ瀬（奈良県）のはっきりした紅い梅の花に春の訪れを感じます。3月の末、梅の終わり頃に桜の季節になります。桜の名所は沢山ありますが、300年余りもずっと人の歴史を見てきた又兵衛桜（奈良県）は、垂れ桜で姿が美しく、年に一度、春になると沢山の人を集めてにぎやかになり、印象に深く残っています。

　そして、桃の花です。桃の節句のイメージから3月初旬のように思いますが、紀ノ川の南側、高野山の手前にある全国有数の桃の産地（和歌山県紀の川市桃山町）は、3月末から4月初旬にかけて辺り一面が桃の花に覆われます。いわゆる果樹園に咲く桃の花です。ここを最初に見たとき、初めて桃の花というのは凄いと思いました。桜と違った濃いピンク色の、まさに桃源郷を思わせる景色に感動しました。花の移り変わりを見ることで自分の中に季節を感じることは、自分の気持ちを支える重要な流れとなっています。

　研究者の私にとって、生命の神秘を感じる花としてハナイカダという植物があります。葉の上に花が咲いているのがとても不思議で、最も興味を持っている植物です。一度、霊仙山（滋賀県）で咲いているのを見ました。この花は、私に「葉の上に花が咲くなんて何故なのだろう？」と学問に対する意欲をかき立ててくれる花と言えます。

　花は、私にとって「気持ちを和らげ、また頑張ろう」という気持ちにさせてくれる活力源なのかも知れません。

（写真：山東智紀）

桃源郷（和歌山・桃山）

ハナイカダ

# 花を見る楽しさ

豊田政男

　子供の頃は動くものが苦手で虫捕りより植物採集ばかりしていました。ですから、植物との接点は思い出深く、今はまた心の安らぎや憩いとして植物が好きです。花には景色として花を見る、個々の花を見る、花を探す、という楽しみ方があると思いますが、花を探す"採集"には「見つける楽しさ・知る楽しさ」があります。今の子供たちは家と塾の往復で実体験をもつ時間が少ないですから、大人になっても花の名前がパッと浮かびません。実体験をもつチャンスを与えられた阪大の学生たちが親になって一つでも植物の名前を教えられたら親の威厳のひとつになるかもしれませんね。

風景として花を見る：コスモス（トルコ・カッパドキア）

　わたしはどちらかといえばボタンのような大きい花が好きですが、学内にはクズ（218頁参照）が多いですね。ほほ木を全部覆ってしまうようなクズの生命力には感心します。植物には夏を越して咲く花、冬を越して咲く春の花のように暑さ寒さの厳しさを通り越して毎年ほぼ同じ時期に咲くという花の継承があります。
我々はものづくりをやっていますが、植物が毎年同じ頃に花を開かせるという自然の継承を通して技術の継承の大切さに想いをはせます。　　　　（写真：豊田政男）

個々の花を見る：豊田家のボタン

春

銀杏会館と桜並木

## シロバナタンポポ　*Taraxacum albidum* ／ white dandelion

**大きさ**：10～40cmの多年草。**分布、原産地**：日本原産で関東以西に分布。
**花**：花期は3～5月。直径約3～4cmのすべて舌状花からなる白い頭花を一つつける。総苞片はやや反り返る。**葉**：羽状に中～深裂する15～20cmの淡緑色の倒披針形。**果実**：冠毛のある褐色のそう果。
**この植物について**：白花蒲公英。日本在来のタンポポの仲間であり、かつては西日本でしか見られなかった。頭花は多種と比較して舌状花が少なめで白く、弱々しい印象があるが、染色体数が奇数でセイヨウタンポポと同じく、単為生殖が可能で茎も高く伸ばすことができるため、あまり繁殖をさまたげられる心配はないようだ。学内では限られた範囲を中心に分布が広がっていたが、建物の改修、新設で現在は減少傾向にある。（栗原佐智子）
学内での分布：G-6、I-5

## ハルジオン *Erigeron philadelphicus* ／ philadelphia daisy, philadelphia fleabane

**大きさ**：30〜100cmの多年草。**分布、原産地**：日本各地に分布。北アメリカが原産地。**花**：花期は4〜8月。頭花は散房状につき、径は1.5〜2.5mm。つぼみのときはうなだれる。舌状花は3列で、白色から淡紅紫色。**葉**：根出葉は花時に生きていて、茎の下部の葉と同様に長楕円形もしくはヘラ形で有翼の柄がある。中部の葉は長楕円形で基部は茎を抱く。葉の両面には軟毛がある。**果実**：そう果は扁平な広倒披針形で長さが0.8mm。細く先の尖った冠毛は長さ2.5mm。

**この植物について**：春紫苑。属名の*Erigeron*とはgeronが老人を意味するギリシア語を語源としているそうだが、白い毛に頭花が覆われていることを表現したものらしい。関東出身の筆者は子供時代、よく似たヒメジョオンも同じくビンボウグサと呼んでいたが、これには地方性があるようで、関西ではこの習慣はないらしい。ここ数年、基礎セミナーの授業中関西出身の学生に聞いているが知らないそうだ。（栗原佐智子）

学内での分布：日当たりの良い各所

雌花

雄花　　　　　　　　　　　　　葉

## フキ　*Petasites japonicus* ／ japanese butterbur

**大きさ**：約35〜45cmの多年草。**分布、原産地**：本州（岩手県水沢付近以南）〜琉球、朝鮮・中国に分布。**花**：花期は4〜5月。前年の葉叢の中心にトウができる。先端に散房状に花をつける。雄雌異株で、雄株は黄白色で、雌株は白色の花をつける。**葉**：花後に地下茎の先に叢生。腎円形で幅は15〜30cmほどで、縁に微凸状の鋸歯がある。基部は心形で薄い。**果実**：そう果は円柱形で長さ3.5mm、幅0.5mmで、白色の冠毛がある。

**この植物について**：蕗。フキは日本特産の野菜として栽培され、葉柄は「フキ」、花茎は「フキノトウ」として食用にされる。中国ではフキの根茎を「蜂斗菜（ホウトサイ）」と称し、薬用として用いる。フキの根にはペタシン、フキノトウにはクエルセチンやケンフェロールなどが含まれる。江戸時代までフキは漢方の款冬（カントウ）と間違われ咳の薬とされてきた。実際には款冬は「フキタンポポ」のことである。（高橋京子）　　　　　　　　　学内での分布：F-4

4　春　キク科

そう果

## オニタビラコ　*Youngia japonica* ／ oriental false hawksbeard

**大きさ**：20〜100cmの越年草。**分布、原産地**：北海道〜琉球、朝鮮・中国・東南アジア・インド・マレーシア・ミクロネシア・オーストラリアに広く分布。**花**：花期は北方では5〜10月、南方では年中。直径7mmほどで舌状花のみの黄色い頭花。**葉**：長さ8〜25cm、幅1.7〜6cm、倒披針形の根出葉はロゼットをつくり、先が大きな葉は羽状に深裂する。**果実**：長さ1.8mmのそう果は先が狭くない。長さ3mmの冠毛を有す。
**この植物について**：鬼田平子。茎や葉は柔らかく、傷を付けると白い乳液を出す。ロゼット葉で越冬し翌年30〜100cmの茎を伸ばし、先で分枝する。最近の大阪ではほぼ一年中開花を見ることができる。和名は大型のタビラコの意味であろうが、普通タビラコと呼ぶのはコオニタビラコのことだが、植物学的には属が異なり、類縁性は乏しい。若いときに食用とすることもあるが、苦みが強く、好みしだいである。（米田該典）

学内での分布：日当たりの良い各所

キク科　春

ロゼット葉

## オニノゲシ　*Sonchus asper* ／ spiny-leaved sow thistle

**大きさ**：50〜100cmの越年草。**分布、原産地**：世界各地に分布。ヨーロッパが原産地。**花**：4〜7月に開花し、舌状花だけの黄色の頭花をつける。**葉**：長さ15〜25cmで無毛、厚く光沢があり、縁は鋸歯があり先端は棘状である。**果実**：卵形または長楕円形のそう果を作り、白色の冠毛を持っている。

**この植物について**：鬼野芥子。切ると白い乳液がでる。よく似ているノゲシに比べると葉の縁にトゲが目立ち、触れると痛いほどであるため鬼が名に冠されている。タンポポに似た頭花をつけるが中空の茎が長く伸び、葉は茎を抱いて互生する。ノゲシとの区別点はトゲの他、葉の抱き方にあり、オニノゲシは基部の葉が耳のように張り出す点である。（栗原佐智子）

学内での分布：各所

ロゼット葉

## ノゲシ  *Sonchus oleraceus* ／ milk thistle, sow thistle

**大きさ**：50〜100cmの越年草。**分布、原産地**：世界各地に分布。ヨーロッパが原産地。**花**：花期は4〜7月。茎の上部に散形状に黄色、または帯白色の舌状花からなる頭花をつける。径約2cm。**葉**：長さ15〜25cmでやわらかく、羽状に切れ込む。とげ状の荒い鋸歯がある。ちぎると白い汁がでる。**果実**：そう果は褐色で3mmほどの長さ。先は切形で多数の白い糸状の冠毛がある。

**この植物について**：野芥子。名前の由来は葉がケシに似ているからノゲシであるが、切花で見かけるポピー（ヒナゲシ）や麻薬成分を持つケシの仲間とは分類学上全く異なる。ケシ同様、葉や茎は切ると白い乳液がでるがもちろん麻薬成分はない。アキノゲシに対し春に開花するのでハルノゲシの名もあるが学内で秋近くになっても観察される。ノゲシの葉はオニノゲシに比べて葉が柔らかく、基部がとがって茎を抱くように付くのが特徴である。（栗原佐智子）　　　　学内での分布：日当たりの良い各所

キク科　春

## コウゾリナ　*Picris hieracioides* ／ hedge mustard

**大きさ**：25〜90cmの越年草。**分布、原産地**：北海道〜九州、樺太に分布。
**花**：花期は5〜10月。30〜34個の小花からなる黄色の頭花をつける。**葉**：
下部の葉は、倒披針形で長さは8〜22cm、中部の葉は披針形で長さは6〜
12cm。互生する。**果実**：長さ3.5〜4.5mm、赤褐色で紡錘形のそう果をつ
くる。
**この植物について**：剃刀菜。花はタンポポに似た黄色い花であるが長く伸
びた細い茎は見るからに赤褐色の毛でざらついて見え、触るととてもざら
ざらしている。この感触を剃刀にたとえて顔剃菜、剃刀菜が転じてコウゾ
リナ。このように説明すると基礎セミナーの学生も大きくうなずいて茎に
触れていた。草深い場所でも花茎を長く伸ばしているので目立つ。（栗原佐
智子）　　　　　　　　　　　　　　　　　学内での分布：日当たりの良い斜面

8　春　キク科

## ハハコグサ　*Gnaphalium affine* ／ cudweed

**大きさ**：15〜30cmの多年草。**分布、原産地**：日本全土、朝鮮・中国・インドシナ・マレーシア・インドに分布する。**花**：頭花は4〜6月に開き、総苞は球鐘形で長さは3mmほどで総苞片は三列で淡黄色。また、雄花は糸状、両性花は筒状で、どちらも結実する。**葉**：長さが2〜6cmの倒披針形で、両面は線毛で覆われている。**果実**：そう果は長さが0.5mmほどで黄白色の冠毛をつける。

**この植物について**：母子草。春の七草の1つであり、御形（オギョウあるいはゴギョウ）の名で登場する。全国に分布しており、春の田圃でよく見かけられる。秋に芽生えてロゼットで越冬し、春に茎をもたげて花を咲かせる、越年性の1年草である。葉や茎には白い毛が多く生えている。昔から草もちに使われたため、モチグサという方言名も存在する。　（平野美紀）
学内での分布：各所

頭花

## カンサイタンポポ　*Taraxacum japonicum*

**大きさ**：約20cmの多年草。**分布、原産地**：本州の長野県以西・四国・九州・琉球に分布。**花**：花期は3〜5月。長さ15〜16mm、幅2〜2.5mmの舌状花からなる、黄色の頭花をつける。**葉**：長さ15〜30cm、幅3〜5cm、倒披針状線形の根出葉で、羽状中裂し裂片は反り返る。**果実**：長さ3.5〜4mm、幅1.5mm、わら色のそう果をつける。冠毛を有する。
**この植物について**：関西蒲公英。カンサイタンポポとセイヨウタンポポなどの帰化種との大きな違いは、総包片（花の付け根の部分）が反り返らないことである。また、全体としてほっそり控えめでかわいらしい印象をしている。阪大の吹田キャンパス内では医学部よりも工学部に多くみられる。タンポポは葉をおひたしにしたり、根を炒ってタンポポコーヒーにしたりすることができる。（山川真理子）

　　　　　　　　学内での分布：工学部周辺の日当たりの良い各所

生命科学図書館前

頭花

## セイヨウタンポポ　*Taraxacum officinale* ／ common dandelion

**大きさ**：10〜30cmの多年草。**分布、原産地**：ヨーロッパ原産。世界各地に分布。**花**：花期は3〜11月。舌状の黄色い舌状花が多数集まって一つの頭花を構成する。花の付け根にある総苞片が下に反り返っている。**葉**：根出葉を多数出し、花をつけるときだけ伸びる茎は中空で葉はつかず、枝分かれもしない。 葉は幼苗の時はあまり切れ込まないが、生育にしたがって深く切れ込む。**果実**：そう果はこげ茶色で、長い嘴があり、その上に冠毛がついているそう果。

**この植物について**：西洋蒲公英。ヨーロッパ原産の帰化植物。明治の初め札幌農学校教師のウィリアム・ベン・ブルックスが食用としてアメリカから取り寄せたものが広がったとの説がある。現在では都市化の指標植物として用いられている。総苞片は下に反り返り、この点で在来種との区別ができる。染色体数は三倍体であり、交配によることなく単為生殖で種子を作る。根は健胃薬、利尿剤として用いられる。（福井希一）

学内での分布：日当たりの良い各所

キク科　春

# ニガナ　*Ixeris dentate*／*korean lettuce*

**大きさ**：20〜50cmの多年草。**分布、原産地**：日本各地に分布。**花**：花期は5〜7月。多数の頭花をつけ、頭花には5〜7個の小花をつける。**葉**：広披針形から倒卵状長楕円形で互生する。根生葉はさまざまに切れ込み、茎葉は丸く張り出して茎を抱く。**果実**：淡褐色の狭長楕円形でタンポポのような白い冠毛をつける。

**この植物について**：苦菜。5〜6の舌状花を有する。8〜10のものはハナニガナと呼ばれる。単為生殖で繁殖する。植物体を傷つけると白く、苦味のある乳液が出る。和名のニガナの由来である。民間薬として地上部を日干しにして煎じて、健胃、食欲不振、消化不良の薬として用いられる。（福井希一）

　学内での分布：日当たりの良い草地や林床

参考：ハナニガナ

12　春　キク科

## ウラジロチチコグサ　*Gnaphalium spicatum* ／ shiny cudweed

**大きさ**：10～40cmの多年草。**分布、原産地**：日本各地に分布。南アメリカが原産地。**花**：花期は5～9月。茎を立たせて褐色から赤紫色のとっくり形のような目立たない花を穂状につける。**葉**：表面は光沢のある濃い緑色で、裏は白い線毛が密集して真っ白く見える。ロゼット葉（根元に広がる葉）は広い。**果実**：紫色の非常に小さな細長い果実をつくる。

**この植物について**：裏白父子草。比較的最近日本に帰化した。ハハコグサ属植物（*Gnaphalium*）。学内にはチチコグサの仲間が多く、しっかり特徴を覚えても判別しにくい。学内でも見られる仲間が越年草（秋に芽生え夏に枯れる）であるのに対し、唯一多年草（残った根茎から毎年出芽）であり、特に似ているタチチチコグサとの違いは葉裏の綿毛がより多く、花時にロゼット葉があることである。（栗原佐智子）　　学内での分布：各所

## チチコグサモドキ *Gnaphalium pensylvanicum* / wandering cudweed, manystem cudweed, linearleaf cudweed

**大きさ**：10～30cmの1年草。**分布、原産地**：世界の暖帯～熱帯に広く分布。熱帯アメリカが原産地。**花**：花期は4～6月。頭花が上部の葉腋から出る小枝に穂状～総状につく。径は約3mm。冠毛は白色で長さは2mm。**葉**：へら形で縁は少し波打ち、長さは1.5～4cm。先は丸く微凸形で、両面ともに白い綿毛に覆われているが表面の毛は薄い。**果実**：そう果で楕円形。冠毛は長さ2mm程度で果実からとれやすいが、基部が合着してバラバラにならない。チチコグサはバラバラになるので区別できる。

**この植物について**：父子草擬。チチコグサに似ているのでチチコグサモドキ。葉の様子はどちらかと言えばハハコグサに似るが、花が褐色で地味なためチチコグサを名に冠されたのであろう。全株が白い綿毛でおおわれて花穂は長く、段々に頭花がつく。広く帰化しており、日本へは大正のなかごろから昭和初期にかけて渡来した。（栗原佐智子）

学内での分布：各所

14　春　キク科

## チチコグサ　*Gnaphalium japonicum*

**大きさ**：30〜60cmの1年草。**分布、原産地**：日本全土、朝鮮・中国に分布。**花**：花期は5〜10月。茎の先に密集した筒状花のみから成る茶褐色の頭花をつける。**葉**：根出葉は線形で長さ2.5〜10cm。表面は緑色で裏面は線毛があり白い。茎葉は線形で毛が少ない。**果実**：そう果は長さ1mmで、冠毛は白色で長さ3mm。
**この植物について**：父子草。ハハコグサに似ているが姿がやせているので父子とつけられた。中国名は天青地白である。ハハコグサの花は4月から6月までに終わるのに対し、チチコグサは晩春から秋にかけて咲いている。
（高橋京子）　　　　　　　　　　　学内での分布：比較的湿った場所

キク科　春　15

ロゼット葉

花後

## アメリカオニアザミ　*Cirsium vulgare* ／ bull thistle

**大きさ**：0.5〜1.5mの越年草。**分布、原産地**：世界の温帯地域に広く分布。ヨーロッパが原産地。**花**：花期は6〜9月。茎頂に直径3〜4cmのピンク色もしくは赤紫色の頭花を咲かせる。**葉**：羽状に深裂し、長さ15〜30cm。縁にはするどい棘がある。**果実**：茶褐色のそう果で、羽状の冠毛がある。
**この植物について**：亜米利加鬼薊。花が大きく美しいが、花びんに活けたくても鋭い棘をみると持ち帰る方法を考えてしまうほどである。棘に触れてみると明らかに危険を感じる。牧草に紛れ込んで日本に持ち込まれた外来種で、家畜も食べられないことから牧場の厄介者である。タンポポのような冠毛は、触れても心地よく、飛ばしてみるとふんわりとよく浮かび、分布拡大の可能性を感じさせられる。実際学内でも、街路でも近年良く見かけるようになった外来種のひとつであろう。（栗原佐智子）

学内での分布：各所

16　春　キク科

## ノアザミ　*Cirsium japonicum*

**大きさ**：50〜100cmの多年草。**分布、原産地**：本州〜九州、朝鮮半島・中国に分布。**花**：花期は5〜8月。花弁が5枚の筒状花が集まった頭花が枝の先に直立してつき、直径4〜5cmで紅紫色。総苞はさわると粘る。**葉**：茎の中部の葉の基部は茎を抱く。やや厚く通常羽状の切れ込みがある。大小の鋸歯があり、鋸歯の先端は鋭い。表面や裏面の脈上に毛がある。冬にはロゼットを形成する。**果実**：冠毛のついたそう果である。
**この植物について**：野薊。アザミには珍しく春に咲き、総苞の外面が粘質を帯びるのも特徴的。雄しべに虫などが止まるとその刺激で花粉が出、その後から雌しべが花粉を押し出すように生長する。その際は先端が2つに分かれた柱頭の部分は閉じており、受粉がおこらない。このことで自家受粉を避けているのである。根・若葉・茎は食べられ、利尿・解毒・止血・滋養強壮などの薬効がある。（池野優子）　　学内での分布：F-4、H-3

キク科　春

## ヒメヨツバムグラ　*Galium gracilens*

**大きさ**：20～40cmの多年草。**分布、原産地**：本州～九州、朝鮮・中国に分布。**花**：花期は5～6月、枝先や葉脈から細い花序を出し、数個の直径1～2cmの花をつける。花冠は白黄から白緑色。**葉**：狭披針形、狭長楕円形まれに楕円形で、長さ4～12mm、幅1.5～2.5mm。輪生。**果実**：2つの球形が集まった形。こぶ状突起がある。

**この植物について**：姫四葉葎というのは同属のヨツバムグラに比べて小さいため（姫）、4枚の葉が輪生しているように見えるためヨツバ（四葉）のムグラ（葎）であるが、うち2枚は托葉（葉の付け根の付属体）。阪大図書館吹田分館の近くの通路のコンクリートから、風にあおられてもつれながら細い茎を伸ばし、目立たない花をつけていた。（栗原佐智子）

学内での分布：G-3、G-4

果実

## ヤエムグラ　*Galium spurium*／goosegrass

**大きさ**：60〜90cmの越年草。**分布、原産地**：北海道〜琉球、アジア・ヨーロッパ・アフリカに分布。**花**：花期は5〜6月。黄緑色の花をつける。**葉**：広線形または狭倒披針形、輪生する。長さ1〜3cm、幅1.5〜4mm。**果実**：径2〜2.5mmで2分果からなる。かぎ状の棘がある。
**この植物について**：葉や茎は触るとざらざらしており衣服に引っかかりやすい。ヤエ（八重）葉が輪生している様子を示し、ムグラ（葎）とは藪に茂る、つる草のこと。ヤエムグラは秋に枯れるので「八重むぐらしげれる宿のさびしきに人こそ見えね秋は来にけり（恵慶法師）」と百人一首に歌われているのは、クワ科のカナムグラのことのようだ。（栗原佐智子）

学内での分布：各所

アカネ科　春　19

花が桃色のものもある

## ノヂシャ　*Valerianella locusta* ／ lamb's lettuce, corn salad

**大きさ**：10〜30cmの1年草。**分布、原産地**：本州〜九州に分布。ヨーロッパが原産地。**花**：花期は5〜6月頃。漏斗状の淡い青紫色の花をつける。花は先のほうで5裂している。**葉**：対生し、茎の上部につく葉はほとんど無柄で全縁であるが不明瞭な波状のうねりがある。下部の葉は不明瞭な柄があり、葉から葉縁が流れる。**果実**：やや扁平で長さ2〜4mm。
**この植物について**：野萵苣。ノヂシャは、ヨーロッパで古くからサラダに用いられてきた植物である。チシャとはレタスのことで、日本人がレタスをサラダによく使うことから、野に咲くチシャ（レタス）を意味するこの名前がついた。ノヂシャは、ヨーロッパでは有名な野菜で、グリム童話にも登場する。日本ではさほど注目されていないが、最近ではマーシュ、コーンサラダの名で店頭にも並んでいるようである。（和田直樹）

学内での分布：I-8 他

## ヘラオオバコ　*Plantago lanceolata* / buckhorn plantain

**大きさ**：30〜60cmの1年草。**分布、原産地**：ヨーロッパ原産の帰化植物で日本各地に分布。**花**：花期は4〜8月。花茎を30cmほど伸ばし、下から上へ開花し、円錐状の穂状花序となる。白い雄しべが飛び出して白い穂のように見える。**葉**：根生し長さが10〜30cmの主にへら状で、先がとがった平行脈が目立ち、立ち上がる。**果実**：さく果の中に長さ2mm程度の茶色い種子が2個入っている。

**この植物について**：篦大葉子。比較的北海道に多いというのは牧草に混じって分布を広げているからかもしれない。家畜の健康にも役立つとして牧草に混合されることがあり、主にヨーロッパでは去痰、利尿、抗菌、抗酸化作用があるとして、薬用にされている。一方で日本では環境省から要注意外来生物に指定されている。（栗原佐智子）

学内での分布：日当たりの良い各所。

## オオバコ　*Plantago asiatica* ／ chinese plantain

**大きさ**：10～50cmの多年草。**分布、原産地**：北海道～琉球、千島・樺太・朝鮮・中国（本土・台湾）に広く分布。**花**：花期は4～9月。下から順に白色の花を密に穂状花序につける。**葉**：10枚ほどで、葉身はやや薄く卵形で、根生。基部が細い柄となる。**果実**：長楕円形、1果内に水を含むと膨潤し、ゼラチン状になる6～8個の黒褐色の種子を含む。

**この植物について**：大葉子。オオバコ属の属名（*Plantago*）はラテン語の「足の裏」と「運ぶ」を組み合わせたもので、繁殖力や伝播力が旺盛である。オオバコは日本全国、中国大陸をはじめ東アジアに広く生育し、和名のとおり広くて大きい葉をもつ。この葉を温めて腫れ物や切り傷に民間薬として用いたり、若い葉を乾燥してお茶にする。牛車が通るような場所に生えることから「車前草」という漢名がついている。種子（車前子）を煎じて飲めば鎮咳・去痰・鎮痛・下痢止め・利尿・止血などの効果がある。（高橋京子）　　学内での分布：日当たりがよく、乾燥した場所など

22　春　オオバコ科

## ツボミオオバコ（タチオオバコ） *Plantago virginica* ／ hoary plantain

**大きさ**：10～30cmの多年草。**分布、原産地**：日本各地に分布。北アメリカが原産地。**花**：花期は5～8月。花茎は高さ10～30cmで直立し、その上部に白または薄紫色の小さな花がたくさん密生して穂をなす。花冠は長さ2.5～3mmで淡黄褐色、4深裂し、裂片は横に開かず直立する。**葉**：太くて短い地下茎から葉が四方に広がる。葉はやや平行な数脈があり、葉身の下部は円形で急に葉柄となる。根際から多くの倒披針形の葉が束生する。柄を入れると長さ3～10cmで幅1～2cm。葉の先はとがり、縁には目立たない波状の歯牙がある。**果実**：果実は蓋果といい、熟すと蓋つきの器のような形に横われする。蒴果は宿存する花冠に囲まれていて、卵円形で先は鈍い。
**この植物について**：蕾大葉子。タチオオバコともいう。明治の末期に渡来したといわれ、西日本の荒地や路傍に比較的多くみられる風媒花。花冠の裂片がつぼんだまま直立し開かないのが特徴である。同じくオオバコ属（*Plantago*）の代表的帰化植物にヘラオオバコ（ヨーロッパ原産）があるが、その葉は細長くオオバコ属とは思えない。ツボミオオバコの葉の幅はオオバコとヘラオオバコの中間で、ヘラオオバコと同じく白い軟毛が多い。（高橋京子）　　学内での分布：日当たりの良い各所

オオバコ科　春　23

## トキワハゼ　*Mazus pumikus* ／ hoary plantain

**大きさ**：6〜15cmの1年草。**分布、原産地**：日本各地から朝鮮半島、中国、東南アジア、インドの温帯から熱帯に分布。**花**：花期は4月頃から秋まで。花冠は唇形、長さ1〜1.2cmで上唇2裂、下唇は3裂、基部に黄色、褐色の斑紋があって毛がある。まばらな総状となる。**葉**：葉は対生し、倒卵形。長さ2〜6cm、幅1cm程で縁には数個のゆるい鋸歯がある。茎は根ぎわの葉間から直立。**果実**：長さ3〜4mmのほぼ球形のさく果。

**この植物について**：常磐爆米。花期が長く、春から秋までいつも咲いているので常盤とつく。キリやマツバウンランと同じゴマノハグサ科の植物で、唇形の花がキリを思わせないこともない。同じサギゴケ属のムラサキサギゴケとは匍匐茎の有無で分けるのが最も分りやすく、匍匐茎がないのでトキワハゼの方が引き抜きやすいという。シソ科にも似るが花冠を除くと子房が4裂しない点で区別される。（栗原佐智子）

学内での分布：湿った草地に多い

## マツバウンラン　*Linaria canadensis* ／ toadflax

**大きさ**：30〜60cmの越年草。**分布、原産地**：本州・四国・九州に分布。北アメリカが原産地。**花**：花期は4〜6月。淡青紫色、唇形。**葉**：下部のものは輪生、上部のものはしばしば互生。無毛で厚ぼったく長さ1.5〜5cm、幅0.5〜2mmの線形。**果実**：球形。種子は0.4mm程度。

**この植物について**：松葉海蘭。葉が松葉のように細く、花が同じ科で海岸に自生する海蘭（うんらん）に似ているのでマツバウンラン。西日本を中心に分布を広げている。乾燥に強く、葉はまばらに花茎に付いているが、地面を這う茎に広がっている。他の植物と競合しない冬季から葉に充分な日の光を浴び、草地が茂る頃に花茎が高く伸びる。茎の先端に中心が白く隆起した紫色の小さな花を穂のように付けて咲かせ、風に揺られる姿は美しいが写真撮影は難しい。（栗原佐智子）　　　　学内での分布：G-3 他

ゴマノハグサ科　春　25

さく果　　　　　　　花序

# キリ *Paulownia tomentosa* ／ princess tree

**大きさ**：8〜15m、直径30〜50cmになる落葉広葉樹。**分布、原産地**：日本各地に分布。中国中部が原産地。**花**：花期は5月。枝先に大きな円錐花序を直立し、長さ5〜6cmの紫の花を多数つける。**葉**：対生し、長さ10〜20cmの広卵形で、両面に粘り気のある毛が密生する。**果実**：10〜11月に熟す。さく果は長さ約3cmの卵形で、熟すと2裂し、翼のある小さな種子を多数出す。

**この植物について**：桐。切ってもすぐに芽を出すから、キル（切る）が名の由来になったといわれる。高尚な花とされ、家紋や500円硬貨にも使用されている。植物学者の見解により、ノウゼンカズラ科、キリ科に分類されていることもある。材は熱伝導率が小さく発火しにくいため箪笥に用いられる。成長が早いので、女の子が生まれるとこの木を植え、嫁入りの際に箪笥を作るという風習は良く知られている。属名*Paulownia*はシーボルトによりオランダのアンナ・パヴロナ大公女に対し献じられたもの。（栗原佐智子）

学内での分布：G-5、J-4

26　春　ゴマノハグサ科

## オオイヌノフグリ　*Veronica persica* ／ bird's-eye

**大きさ**：10～20cmの越年草。**分布、原産地**：世界各地に分布。ヨーロッパから西アジア原産。日本には明治中期に渡来。**花**：花期は3～4月。主軸の葉腋ごとに8mmほどの瑠璃色の左右対称の合弁花を咲かせる。**葉**：1～2cmの円形で、へりに浅く丸みを帯びた鋸歯がある。**果実**：中央がへこんだ黄緑色で幅が6～7mm。

**この植物について**：大犬陰嚢。花後にガク片が果実を包む姿が雄犬のフグリ（陰嚢）に似ていることから名付けられた。Veronica（クワガタソウ）属種としては多様で大きな属に分類され、北半球を中心に300余種が知られ、南半休にも及ぶが、なお分類学的には検討の余地を残していて、将来属は分けられる可能性がある。現在では日本各地に普通に見られる。分類学上同属のルリトラノオは高さ1mにも及び、寒暑に堪え、伊吹山の夏から秋のお花畑を彩る植物として知られる。（米田該典）

　　　　　　　　学内での分布：やや開けた場所や道ばた

ゴマノハグサ科　春

## タチイヌノフグリ　*Veronica arvensis* ／ wall speedwell

**大きさ**：10〜40cmの1年草。**分布、原産地**：日本各地に分布。ヨーロッパが原産地。**花**：花期は4〜6月。上部の葉腋につく。やや濃いルリ色で、4mm程度と見過ごしやすい。花冠の先は深く4裂している。**葉**：対生し、先はとがり、基部は広卵形で、数個の鋸歯があり、両面に毛が散生している。下部のほうは柄があるが、中ほどより上は無柄である。**果実**：そう果は倒心形、縁に短い腺毛が生える。
**この植物について**：立犬陰嚢。明治中期に日本に帰化し、日本各地で早春にみることができる。明治中期まではイヌノフグリしかなかったが、ヨーロッパからオオイヌノフグリなどが帰化してからは、いつの間にか取って代わられ、現在ではイヌノフグリを見ることがほとんどなくなった。もともと人里近くに生えていたことから、種の交代が進んだ結果なのだろう。茎は直立し、やや立ち上がることから前種とは明らかに区別されるが、植物としてはよく似ている。なお、太平洋側の山林には同類のクワガタソウが分布していて、学内でも吹田キャンパスが開発当初には見ることができたが、現在では全く見ることはない。（米田該典）

学内での分布：日当たりの良い各所

## トウバナ　*Clinopodium gracile* ／ slender wild basil

**大きさ**：10〜30cmの多年草。**分布、原産地**：本州〜琉球、朝鮮・中国に分布。**花**：花期は5〜8月。花冠は淡紅紫色の唇形花で、まばらに輪生する。長さは5〜6mm。**葉**：卵形〜広卵形。ほとんど毛がなく鈍頭で基部はやや円い。長さは1〜3cmで幅8〜20mm。**果実**：4個の分果からなり扁平な球形でなめらかである。長さは約5〜6mm。
**この植物について**：塔花。花が段々に付く様子を「塔」に見立てて、「塔花」と名づけられたもの。学内でも道端などに群生し、最も普通に見かける植物の1つ。よく似たものにイヌトウバナがあり、こちらは花の色が白く、葉の裏に腺点があり、ちぎると爽やかなかおりがする。（山東智紀）
　　　　　　　　　　　　　　　学内での分布：日当たりの良い各所

シソ科　春

## ヒメオドリコソウ　*Lamium purpureum* ／ red dead-nettle, purple dead-nettle

**大きさ**：10～25cmの越年草。**分布、原産地**：日本、東アジア・小アジア・北アメリカに分布。ヨーロッパが原産地。**花**：花期は4～5月で、上部の葉腋に密につく。花冠は淡紅色で、長さ1cm紅紫色の唇形で上唇の背に粗毛があり、筒部上部の前側が著しく膨らむ。**葉**：基部の葉は長い柄があり、心円形で長さも幅も1.5～3cm。長毛があり、丸い鋸歯がある。上部の葉は互いに接近し、卵円形で短い柄がある。赤紫色を帯びることが多く、鈍頭である。**果実**：4分果で分果卵広倒形。長さ1.5mm。
**この植物について**：姫踊子草。可愛らしい名前をいただいた春の野草で日本にすっかりなじんでいるが、実は明治時代中期に渡来した。日当たりのよい草地を好む。同属のオドリコソウより全体的に小型であるため、ヒメを冠した名前になったのだろう。生育地や花の咲く時期がホトケノザと似通っているが、ヒメオドリコソウの上部の葉は密集してつき、赤紫色を帯びるので慣れれば離れていても見分けることができる。（齊藤修）

学内での分布：道端や日溜り

## ホトケノザ　*Lamium amplexicaule* ／ henbit dead-nettle

**大きさ**：10〜30cmの越年草。**分布、原産地**：本州〜琉球、東アジア・ヒマラヤ・ヨーロッパ・北アフリカに分布。**花**：花冠は細長い筒があり、長さ17〜20mm、紅色。花期は4〜6月。**葉**：長さ幅ともに1〜2.5cmで、対生し鋸歯がある。**果実**：4つの分果からなる。分果は約2mm、3稜形で背面は白く、全体に白斑がある。

**この植物について**：仏の座。和名は対生する葉が仏の蓮座（はすざ・台座）のように見えることに由来する。春の野草として知られているが、日当たりのところなら秋や冬でも花をつけている個体もある。スミレの仲間と同じく種子にアリの好物であるエライオソームがついていることから、アリによって種子が運ばれる（アリ散布）。春の七草のホトケノザとは本種ではなく、キク科のコオニタビラコのこと。（齊藤修）

学内での分布：日当たりの良い草地

## キランソウ  *Ajuga decumbens*

**大きさ**：5cm以下の多年草。**分布、原産地**：本州〜九州、朝鮮・中国に分布。**花**：花期は3〜5月。葉腋に濃紫色の唇形花をつける。ガクには毛があり上唇は2裂し、下唇は3裂して大きく開出。**葉**：根生葉はロゼット状で広倒披針形。長さ4〜6cm、幅1〜2cm、全体に毛と縁にゆるい鋸歯があり、茎葉は対生。**果実**：1.7mmほどの卵球形の4分果で、背面に網目模様あり。
**この植物について**：金瘡小草。春に濃い紫色の美しい花を付けるのだが、道行く人にはほとんど気づいてもらえない種のひとつである。日当たりのよい草地に地面にくっ付くように葉（根生葉）を広げ、花をつける。根生葉が地面にへばりつく様から、別名をジゴクノカマノフタという。全体にちぢれた毛がある。民間薬として昔から知られていて、咳、去淡、解熱、健胃、下痢止めなどの薬効がある。（齊藤修）

学内での分布：F-3、H-4

咲き始め

## セイヨウジュウニヒトエ　*Ajuga reptans* ／ common bugle

**大きさ**：15～20cmの多年草。**分布、原産地**：原産地は北ヨーロッパ。1970年頃から園芸品種が逸出し、日本全土で野生化。**花**：花期は4～6月。茎先に、長さ5～8cmの花穂を出し、下から順に紫色の唇形花が多数、輪生する。花冠は長さ約9mmで、上唇は2浅裂し、下唇は大きく3裂。**葉**：倒披針形で、縁に波状の鋸歯があり、無毛。表面は暗緑色で光沢がある。**果実**：匍匐茎による繁殖が主。
**この植物について**：西洋十二単。ハーブとしてはビューグル、園芸分野ではアジュガ、セイヨウキランソウと呼ばれることもある。原産地は北ヨーロッパから中央アジアであり、わが国には株元からのランナーでよく増えて広がることからグランドカバープラントや紫色の花が見事なことから園芸種として導入された。植物体が強健なことから半野性化し、近畿地方では70年代から野生化したものが見られている。民間薬として全草を打ち身やうがい薬、黄疸、リウマチに用いるという。（福井希一）

学内での分布：H-3、H-4

シソ科　春

花序

## キュウリグサ　*Trigonotis peduncularis* ／ cucumber herb

**大きさ**：10〜30cmの1年草。**分布、原産地**：北海道〜琉球、アジアの温帯〜暖帯に分布。**花**：花期は3〜5月。径約2mmで淡青紫色の花をつける。**葉**：長さ1〜3cm、幅6〜15mm、長楕円形もしくは卵形の葉を互生する。細毛を有する。**果実**：4個の分果よりなり、表面は滑らか。
**この植物について**：胡瓜草。葉をもむとキュウリの匂いがするのでキュウリグサ。早春から草丈が15cm程度の頃からから開花し、ルーペなどで拡大して見る空色で中心が黄色い実に可憐なごく小さな花である。サソリの尾のような独特の花のつき方はサソリ型花序と呼ばれる。草丈は夏に近づくにつれ伸び続け30cmほどになることもある。麦作の伝来に伴って帰化した史前帰化植物（農耕とともに渡来）と考えられている。（栗原佐智子）
　　　　　　　　学内での分布：日当たりの良い路傍など各所

34　春　ムラサキ科

### ハナイバナ *Bothriospermum tenellum* / leaf between flower

**大きさ**：10〜30cmの1年草または越年草。**分布、原産地**：日本全土、朝鮮、中国、東南アジアに分布。**花**：花期は3〜11月。上部の葉腋の上方につき、直径約2〜3mm。淡青紫色で3〜5mmの花柄のある花冠は5裂する。**葉**：互生し下部のものはさじ状、上部は長さ2〜3cmの楕円形。茎と葉には上向きの毛が多い。**果実**：4個の楕円形の分果からなり、表面はいぼ状の突起でざらざらしている。

**この植物について**：葉内花。葉と葉の間に花がつくということが名の由来。キュウリグサに良く似ているがサソリ状花序をとらず、まばらに咲く。また、10個の副花冠が白色で、中心が黄色くないことですぐに違いが分かる。春に咲いた花の種子が秋に発芽して咲くので花期が長い。紫の色素と生薬紫根(シコン)を産する日本の固有種ムラサキの属するムラサキ科の中で、日本のハナイバナ属はこの種のみ。（栗原佐智子）

学内での分布：日当たりの良い路傍

モチツツジ Rhododendron macrosepalum

サツキ「金采」

オオムラサキツツジ「曙」
(Rhododendron ×
　pulchrum cv. Akebono)

クルメツツジ

36　春　ツツジ科

オオムラサキツツジ

## ツツジの仲間 *Rhododendron* spp. ／ azalea

**大きさ**：常緑、または落葉性の低木から高木。**分布、原産地**：熱帯から寒帯まで広く分布し850種ほどが知られていて、各地で園芸用に栽培される。品種改良が進んでいて、母種の確認が困難なほどである。**花**：紅紫、白、ピンク、濃紅、オレンジ、絞り、八重など多種多様。**葉**：*Rhododendron* 属には常緑のシャクナゲ類と落葉性のツツジ類があるが、分類系統的に区別する必要はない。現在の日本の種は常緑性、半落葉性、落葉性とさまざまで区分の意味はなくなっている。**果実**：さく果。

**この植物について**：躑躅。多くの種の花、葉や茎には有毒性のアルカロイドが含まれ食用にすることはない。花粉にも有毒成分が含まれることから養蜂家は嫌う。つつじの花は農耕の開始時期と密接に関与し、卯月8日（旧暦）にはフジ、ヤマブキ、ツツジの花を竿先に庭先に立てることで、一年の農作業が始まったという。一般にツツジと呼ぶときはツツジ亜属に含まれるヤマツツジ、サツキ、モチツツジ、コメツツジなどの各類のことである。（米田該典）　　　　学内での分布：植栽の他、種によっては林縁

ツツジ科　春

雄花

雌花

## アオキ　*Aucuba japonica* ／ Japanese aucuba

**大きさ**：2〜3mの木本。**分布、原産地**：本州（中国地方を除く）・四国（東部）の暖温帯林下に分布。**花**：花期は3〜5月。雄雌異株。直径7mmほどの赤紫色4片花。枝先に円錐状に咲く。**葉**：長さ8〜20cm、幅2〜10cmの長楕円形で、粗い鋸歯があり、対生する。**果実**：長さ1.5〜2cmの楕円形で冬に赤熟する。

**この植物について**：青木。日本の照葉樹林を代表する常緑低木で、古くから庭木としても親しまれてきた。キャンパス内には黄色い斑入りの個体もあるが、これらは園芸品種で、一部野生化している。学名の属名（*Aucuba*）は日本語のアオキバに由来するという。日本ではありふれた種だが、18世紀末頃に英国経由でヨーロッパに紹介されると、流行して各地で植えられた。葉だけでなく、秋から冬にかけて赤い実がつくのも魅力的なのだろう。ロンドンのハイドパークにも斑入りの個体を見た覚えがある。（齊藤修）

学内での分布：F-5

38　春　ミズキ科

色の総苞片

果実

## ハナミズキ　*Benthamidia florida* ／ flowering dogwood

**大きさ**：5〜10mの落葉高木。**分布、原産地**：北アメリカ原産。庭木や街路樹として利用される。**花**：花期は4〜5月。白色や淡紅色の花を咲かせる。花弁のように見えるのは総苞片で、ほんとうの花は中心にある。花弁は4つ、長さ約6mmでめだたない。**葉**：葉は卵状楕円形から卵円形で対生し、縁がわずかに波打つ。短い伏毛がある。**果実**：核果。楕円形で長さは約1cm。秋には暗赤色に熟す。集合果を作らない。
**この植物について**：花水木。別名はアメリカヤマボウシ。大きく花びらのように見えるものは総苞片。1912年に東京市が米国ワシントン市に3000本のソメイヨシノを送った返礼として1915年に届けられた。ハナミズキの樹皮や根皮は整腸や強壮剤として用いられる。又材質が堅いことからパイプが作られる。（福井希一）
学内での分布：H-3、H-6

ミズキ科　春

果実

## ヤブジラミ　*Torilis japonica* / upright hedge parsley

**大きさ**：30〜70cmの越年草。**分布、原産地**：日本各地に分布、ユーラシア・南アジア・北アメリカに分布。**花**：花期は5〜7月。複散形花序をなす、白色の5弁花。**葉**：1〜2回3出羽状複葉をなし、長さ5〜10cm、羽片は細かく切れこんでいる。互生。**果実**：かぎ状のトゲがあり褐色で、卵状長楕円形、長さ2.5〜3.5mm。
**この植物について**：藪虱。ヒトに寄生する虱という昆虫には付着場所により3種類あり、近年は頭に付着するアタマジラミが増えてきているようだが、本植物の和名は果実が衣服に付着しやすいことをシラミに例えている。良い名とは言い難いが小さな花は可憐。よく似たオヤブジラミ（雄藪虱）は果実がヤブジラミより大きく、茎や花弁が赤色を帯びており花期はやや早い。いずれも学内でよく観察できる。（栗原佐智子）
　　　　　　　学内での分布：I-5 他

参考：オヤブジラミ

40　春　セリ科

果実

## アキグミ　*Elaeagnus umbellate* ／ autumn olive

**大きさ**：2～3mの落葉低木。**分布、原産地**：北海道・本州・四国・九州（屋久島まで）の、低地から標高1000m以上の山地、向陽の場所に産し河原にも繁茂する。朝鮮・中国にも分布する。**花**：花期は4～5月。淡黄色の花を咲かせ、葉腋に1～3個束生する。**葉**：長さ4～8cm、幅1～2cmの倒卵状楕円形もしくは倒披針形で、裏面は銀色の鱗片におおわれている。**果実**：長さ6～8mm、球形ないし球状楕円形で9～11月に紅熟する。
**この植物について**：秋茱萸。花は甘い香りがする。果実が秋に熟すことから、アキグミと名づけられた。富山県常願寺川の河原に日本で最大の群生地がある。グミの仲間は根に窒素固定をする共生菌を持つので、荒地や河原のような他の植物が繁茂しにくい所でも生育できる。実生や挿し木で繁殖させることができる。果実は生食やジャムに、小枝や葉は陰干しにした後、煎じて鎮咳、鎮痛、消炎に用いる。（福井希一）

学内での分布：F-4、I-7

グミ科　春

## ナツグミ　*Elaeagnus multiflora* ／ goumi, cherry silverberry

**大きさ**：2～4ｍの落葉小高木。**分布、原産地**：本州（関東地方～静岡県西部）の低地からクリ帯山地に分布。**花**：花期は4～5月。葉腋に1～2花咲かせる。花は大きく、外面には花柄とともに、銀色の鱗片をしき、さらに帯黄赤褐色鱗を散生する。つぼみの時はひだ状で目立ち、開くと広卵形で下半が広い。鋭尖頭、短鋭尖頭、鋭頭ないし鈍頭。**葉**：長さ7～8cm、幅2～4cm。長楕円形または楕円形。短鋭尖頭または鈍頭で鈍端。表面にははじめ銀色の鱗片をしき、その上に帯黄赤褐色鱗を散生する。葉柄はやや長い。**果実**：大きく、広楕円形で長さは12～17mm。5～6月ごろに紅熟する。
**この植物について**：夏茱萸。日本原産。果実が熟して赤紅色になる時期が夏であることから名づけられた。グミと言う名称は「口に含む実」、「含む実」、「くみ」が転化したしたという説がある。果実は生食やジャムにされる。果実の渋みはタンニンによる。**参考**：クリはほぼ日本全土に分布し、高度500～900ｍの温帯と暖帯の中間の暖帯落葉樹林に象徴的であることからこの分布域を「クリ帯」と呼ぶことがある。（福井・栗原）　学内での分布：H-2

白花

## ジンチョウゲ　*Daphne odora*／winter daphne

**大きさ**：1〜2mの常緑低木。**分布、原産地**：世界に広く分布。中国が原産地。**花**：花期は2〜3月。雄雌異株。前年枝端の20花内外の頭状花序が開く。4弁花のように見えるが、花弁のように見えるのは、筒状のガクの先端が4つに分かれているもの。花色は白花もあるが、淡紫紅色のものが一般的で内側が白、外側が紅紫色をしている。花序径は5cmほど。**葉**：密に互生する。楕円状披針形の厚い革質で表面に光沢がある。鋭頭もしくはやや鈍頭で長さは4〜9cm、幅1.5〜3cm。無毛で、基部は細まって短柄となる。**果実**：液果で径1cmの卵球形で赤く熟す。
**この植物について**：沈香のような良い香りがあり、丁子のような花をつける木という意味で「ジンチョウゲ（沈丁花）」と名づけられたようである。中国ではその匂いをめでて「瑞香」という名前がついている。花の煎じ汁は、歯痛、口内炎などの民間薬として使われる。枝の繊維は紙の原料にもなる。（上田サーソン圭子）　　　　　　　　　　学内での分布：E-4、L-6

ジンチョウゲ科　春

芽生えの頃の葉

## スイカズラ　*Lonicera japonica* ／ sweet honeysuckle

**大きさ**：半常緑のつる性木本。**分布、原産地**：日本全土の山野、台湾・朝鮮・中国大陸・マレーシア・ヨーロッパ・北アメリカに分布。**花**：花期は5～6月。上部葉腋に二唇形の筒状花を2つずつつける。花の色は初め白またはやや淡紫紅色であるが、のちに淡黄色に変わる。芳香があり、夜は特に香りがよい。花冠は二唇形で長さ2.5～3.5cm、筒部は細く両面とも有毛。上唇は4裂していて、下唇は広線形。**葉**：季節により異なる形をとり、春にはゆるやかな鋸歯があり冬は内巻き気味になる。卵形～長楕円形で長さ2.5～8cm、幅0.7～4cm。毛は表面には少ないが裏面には多い。葉柄は長さ3～8mmで有毛。茎は右旋する。**果実**：液果。9～12月に黒く熟す。光沢があり、球形。径は5～7mm。おもに蛾によって花粉が媒介される。

**この植物について**：吸葛。花の色が変わる際、白花と黄花が混じって咲く様子から、「金銀花」「金銀カズラ」などの別名がある。香りが良くフランスでは香水の原料となる。葉は冬を経ても落ちないので忍冬(ニンドウ)という。漢方では茎葉を忍冬、花を金銀花(キンギンカ)と称し、ともに部位を乾燥させ煎じると利尿・健胃・解熱・解毒薬となり、腫瘍、扁桃腺、皮膚病などに用いる。湯に入れると神経痛にも効く。アメリカに帰化しているが、特にアメリカ東部でよく繁殖しているらしい。（高橋京子）

学内での分布：E-5、K-4

44　春　スイカズラ科

## アリアケスミレ　*Viola betonicifolia*

**大きさ**：9〜12cmの多年草。**分布、原産地**：本州〜九州、朝鮮・中国（東北）に分布。**花**：花期は4〜5月。長さ2.5cm白色または紫の筋入りの花を咲かせる。**葉**：長さ3〜8cm、長楕円状披針形で鈍頭の鋸歯がある葉が互生する。**果実**：さく果を作り、熟すと3つに割れ、断面に種子が並んでいるように見える。

**この植物について**：有明菫。花が白いものはシロスミレと間違えやすいが、この種は本来湿った場所を好むものの、高地を好むシロスミレと異なり比較的生育場所を選ばないのでアスファルトの隙間にも観察される。花の色が変化に富んでいることからその色の多様さを有明の空になぞらえて命名されたとのこと。花が咲き終わると閉鎖花をつけ、自家受精で種子を作る。
（栗原佐智子）　　　　　　　　　　　　　　　　　　学内での分布：G-3

スミレ科　春　45

## スミレ　*Viola mandshurica* ／ manchurian violet

**大きさ**：7〜15cmの多年草。**分布、原産地**：南千島、北海道〜九州、韓国・中国・シベリア東部。**花**：花期は春。2〜2.5cmの濃紫色の花を咲かせる。始めの普通花の後、小さな閉鎖花を秋まで次々とつけ続ける。**葉**：葉、茎は根元から出る。ヘラ形から披針形の長さ3〜8cm、葉柄は翼を持つ。**果実**：さく果を作り、熟すと3つに割れ、断面に種子が並んでいるように見える。

**この植物について**：菫。日当たりのよい山野に普通に見られる。地上茎はなく、草丈は花後にやや伸張する。閉鎖花は部分的に退化したものだが、自家受粉は行い結実する。スミレ属は500余種にも及ぶ大きな属で、北半球の温帯に大半の種を分布しほとんどは草本である。南半球には木本など形状を異にする種が多く、ハワイには幹径5cm以上、高さ2mにも達する種がある。日本には54種が知られ、全て可憐な草本で、亜種、変種などは多数が知られているが、ほとんどは春咲きで、春の代表花である。（米田該典）

学内での分布：G-3

## タチツボスミレ　*Viola grypoceras*

**大きさ**：20〜30cmの多年草。**分布、原産地**：北海道〜琉球、朝鮮南部・中国（中部、台湾）に分布。**花**：花期は4〜5月。淡紫色の花を咲かせる。ガク片は披針形で花弁は長さ12〜15mmでやや幅がせまく、側弁は無毛である。**葉**：心形ないし扁心形で長さは1.5〜2.5cm。低い鋸歯があり、基部は心形、先は下方の葉では鈍く、上方の葉では急にとがる。**果実**：4〜5月にかけて3つのさやからなる閉鎖花を作り、さく果を作る。種子が熟すと果実は割れ、種をはじき飛ばす。

**この植物について**：立壺菫。阪大西門から山田方面への道路沿いの斜面に群落がある。4月の一時期、そこは淡紫色の花に彩られる。日当たりがよくて、やや湿り気もあるようなところを特に好むようである。葉の付け根にある托葉が櫛状に深く裂けるのが特徴である。スミレ類には地上茎の有無で大きく2つに区分されるが、地上茎のあるスミレ類で最も多いのがこの種である。種子にはアリの好物（エライオソーム）が付いていて、自ら弾き飛ばした（自動散布）種子が、さらにアリによって運ばれる（アリ散布）という二重の散布戦略がとられている。（齊藤修）　　　　　　　　　　　　　　　　学内での分布：E-3

花

果実　　　　　　　　　　　　　　　　　樹皮

## センダン　*Melia azedarach* ／ chinaberry tree

**大きさ**：高さ25m、直径1mになる落葉高木。**分布、原産地**：四国・九州・小笠原・琉球の海近くの林内、中国に分布。本州では栽培される。**花**：花期は5～6月。葉腋から新しい枝に円錐花序を腋生し、多数の花をつける。花弁は5枚淡紫色の倒披針形で長さは約9mm。花糸は合着して紫色の細い筒を作る。その先は多裂している。**葉**：互生し、二回羽状複葉。小葉は卵形または卵状楕円形で長さ3～6cm、幅は1～2.5cm小葉の表面は濃緑色、裏面は淡緑色。葉縁は粗く鈍い鋸歯。葉先は鋭頭。**果実**：楕円形で長さは1.5～2cm。秋ごろに黄色に熟す。核は黄色み帯び、5～6室になり各室に1個ずつの種子がある。

**この植物について**：栴檀。センダン科センダンの漢名は楝（おうち）で、古くはアフチと呼ばれ、『万葉集』にも詠まれている。伊豆半島以南の暖地の沿海地に野生すると思われるが、古来より植えられているので自然分布地域がはっきりしない。樹皮は苦楝皮（クレンピ）といい、駆虫薬とする。木は街路樹として植えられる。
（高橋京子）　　　　　　　　　　　　　　　　　学内での分布：E-4、F-4

48　春　センダン科

## ツゲ　*Buxus microphylla* var. *japonica* ／ japanese boxwood

**大きさ**：2〜3mの常緑低木。**分布、原産地**：本州（関東以西）・四国・九州・屋久島に分布。**花**：花期は3〜4月。淡い黄色の花を細かに咲かせる。雄雌同株で花序は腋性および頂生する団集花序で球形。雄花は2〜3対で無柄。雌花は頂生し、長さ約3mmで径約2mm。**葉**：対生。革質で狭倒卵形、倒卵状披針形、ヘラ形。長さ1〜3cmで厚い。先端は凸頭、鈍頭。基部は鋭尖形または鋭いくさび形。**果実**：さく果をつける。卵円形で種子は6個、光沢ある黒色。

**この植物について**：黄楊。庭木として植えられるほか、材が緻密で硬いため、櫛、印材、ソロバンの珠等に使用される。学内でも植栽として利用されているが、小さく地味な花や実には気付きにくい。果実はさく果で秋に熟し、3本の角が生えたような形。福岡県古処山のツゲ原生林は天然記念物として保護されている。九州では女の子が生まれるとツゲを植え、嫁入りに備える風習があったといわれている。（栗原佐智子）

学内での分布：K-7

ツゲ科　春　49

果実

## カタバミ　*Oxalis corniculata* ／ yellow wood sorrel, creeping oxalis

**大きさ**：10～30cmの多年草。**分布、原産地**：世界各地の熱帯から温帯に分布。南アメリカが原産地。**花**：花期は5～9月。径約8mmで黄色の花をつける。**葉**：長さ2～7cmで根生または茎上に互生し、全体に荒い毛が生える。**果実**：長さ1.5～2.5cmの円柱形のさく果をつけ、熟すと5裂して種子をはじき飛ばす。

**この植物について**：酢漿草。庭先や路傍でごく普通に見られる。はじめゴボウ根から茎をのばすが、枝は地面をはってのび、節から根をおろし、また立ち上がった茎を出すこともある。葉を形どって紋章にも用いられている。葉の片側が欠けているように見えるので片喰の意味といわれている。シュウ酸を含んでいるので葉を噛むと酸味があるが、生食は危険である。地方によっては、スイモノグサ、スイグサなどと呼ばれる。（高橋京子）

学内での分布：日当たりの良い各所

## イモカタバミ　*Oxalis articulate* ／ lady's sorrel, Wood sorrel

**大きさ**：10〜30cmの多年草。**分布、原産地**：世界各地の熱帯から温帯に分布。南アメリカが原産地。**花**：花期は6〜7月。中央部が紫色の花をつける。**葉**：心形、両面有毛の3小葉からなり、裏面は淡黄赤色の斑紋点ができる。**果実**：芋状の塊茎ができて、小芋で増える。
**この植物について**：芋片喰。近年帰化したもので、ムラサキカタバミに近似している。花の色が濃く、葯は黄色である。塊茎（地下茎の肥大したもの）は紡錘形で小鱗茎ができず、イモになってふえる。小球をつけないので、ムラサキカタバミのような増殖性はない。日本に帰化しているカタバミ属は数種あり、多くは紫紅色のかわいらしい花をつける。根を見、また、花筒の色が紫紅色であれば本種、白色であればムラサキカタバミである。
（高橋京子）　　　　　　　　　　　学内での分布：日当たりの良い各所

カタバミ科　春

### ムラサキカタバミ　*Oxalis corymbosa*／Dr. Martius wood-sorrel

**大きさ**：約30cmの多年草。**分布、原産地**：世界の亜熱帯～温帯に分布。南アメリカが原産地。**花**：花期は6～7月。径1.5cmの淡紅紫色の花が開花する。**葉**：幅2～3cmの心形の3小葉からなり、下面に橙色の細かい点が散在し、葉柄は5～15cm。**果実**：長さ1.7～2cmの円柱形のさく果ができる。全面に微毛がある。

**この植物について**：紫片喰。ガク片は長楕円形で先の方に2個の腺点がある。全ての葉は根生する。江戸時代に輸入された帰化植物である。地下に鱗片につつまれた鱗茎があり、さらに多数の小鱗茎が集まってつき、繁殖力が極めて大きい。観賞用として栽培されることもあるが、一度増えだすと駆除が困難である。（高橋京子）

学内での分布：日当たりの良い各所

総状花序　　　　　　　　　　　フジの花

## フジ　*Wisteria floribunda* ／ Japanese wisteria

**大きさ**：低木または高木。**分布、原産地**：本州・四国・九州に分布。**花**：花期は4〜7月。長さ20〜60cmの長い総状花序を出し、長いものは1m以上になる。藤色、紫色または淡紅色の蝶形花を多数開く。もとの方から次々に開花し、総状花序の代表とされる。**葉**：長さ20〜30cmの奇数羽状複葉で、互生する。つるは右巻きで、小葉は5対から9対、はじめは多少毛があるが、後にほとんど無毛となる。**果実**：豆果はヘラ状で大きく、30cmにもなる。種子は長さ1.2〜1.9cmの狭倒卵形。9〜10月に暗褐色に熟す。
**この植物について**：藤。観賞用として庭や公園、社寺の境内などに栽培されている。西日本に多いヤマフジに比べ、日本中で広くみられる。区別点は、つるが右巻きで、花序が長いのと葉の裏に毛があることである。古来日本文化の多方面にわたり数多く用いられているフジは、日本特産のフジである。しかし漢字で「藤」と書くのは中国名の紫藤の略で、これは中国原産のシナフジという別種のことで、厳密にいえば、日本のフジとは違う。（高橋京子）
学内での分布：I-8 他

参考：ヤマフジ

マメ科　春　53

アカツメクサの白花

## アカツメクサ（ムラサキツメクサ） *Trifolium pretense* ／ red clover, purple clover

**大きさ**：30〜60cmの多年草。**分布、原産地**：日本各地に分布。ヨーロッパが原産地。**花**：花期は5〜8月。30〜100個もの濃い赤紫から紅色の小花が、頭状に集まって咲く。時に白色の株もある。**葉**：互生する葉は3枚の小葉からなる複葉で、通常Ｖ字型の白斑がある。**果実**：長さ3mm、幅2〜2.5mmの無毛の卵円形で、同大の種子が1個入っている。

**この植物について**：赤詰草。株は立ち上がり、小葉の付け根から順次分枝して伸び、90cmにも達する。シロツメクサと多くの点で類似するが、日本へやや遅れて渡来し、牧草としての渡来はアメリカからである。4倍体も作出され、数多くの変種、品種があり、広く栽培されている。花管は長く受粉にはハナバチのように口吻の長い種が必要である。（米田該典）

学内での分布：I-6 他

4つ葉もある

## シロツメクサ  *Trifolium repens* / white clover, Dutch clover

**大きさ**：10〜30cmの多年草。**分布、原産地**：ヨーロッパから北アフリカ、アジアの温暖地を原産地とするが現在では南北両半球の亜寒帯まで広く、栽培・野生化している。日本各地に分布。**花**：花期は5〜10月。花柄は10〜30cmにもなる。白色や淡紅色の花が30〜80個集まり、径15〜30mmの頭状花序。**葉**：長さ6〜20cmの柄をもつ心形の複葉で通常3枚の葉からなる。**果実**：褐化した花中に垂れ下がった豆果をつくり、2〜4個の種子を入れる。**この植物について**：白詰草。クローバーの名で親しまれる牧草で芝草としても利用される。比較的水分量が少ないことから、乾燥後詰め物材として利用され、江戸時代にオランダ船の荷物の詰めものとしたことからツメクサ（詰草）と呼んだという。株は明治以降に牧草として輸入され、各地に広がった。変異は多く、染色体数が4倍体のラジノクローバーは巨大化した変種で、イタリアのラジノ地方で栽培されていたことから名を得ている。ただ、クローバーに比し水分量が遙かに多くなることから、これだけでは干し草には向かない。（米田該典）　　　　　　　　　　学内での分布：G-5，J-7他

マメ科　春　55

果実

## ハリエンジュ（ニセアカシア） *Robinia pseudoacacia* ／ black locust

**大きさ**：15〜25m落葉高木。**分布、原産地**：日本各地に分布。北アメリカが原産地。**花**：花期は5〜6月。総状花序に密生した長さ2cmほどで蝶形の白色の花を咲かせる。芳香がある。**葉**：奇数羽状複葉で互生。5〜10対の狭卵形〜楕円形の側小葉がある。円頭または凸頭で微突形となり、長さは2.5〜5cm。両面に伏し短毛がある。全縁。表面は緑色。裏面は淡緑色。**果実**：豆果で10月ごろに熟す。広線形で無毛。長さは5〜10cmで、幅は1.5〜1.8cm。
**この植物について**：針塊。香りがよく、花はてんぷらなどにして食べられる。いまや日本のハチミツの大部分はこの木の花の蜜に由来すると言われている。養蜂家にとっては貴重な蜜源だが、一方で河川敷などでは地下茎を伸ばして分布域を拡大し、生態系を変えてしまうため、2006年7月現在、外来生物法の「要注意外来生物リスト」において、「別途総合的な検討を進める緑化植物」の1つに指定されている。他のマメ科植物同様に菌根で窒素固定できるので、痩せた土地でもよく育つ強靭さを持っているので、砂防用などに各地で植えられてきた。（齊藤修）
学内での分布：G-4、G-5、他

果実

### スズメノエンドウ *Vicia hirsute* / common tare, hairy tare, tiny vetch

**大きさ**：30〜60cmの越年草。**分布、原産地**：本州〜九州、ユーラシアからアフリカ北部の暖温帯に分布。**花**：花期は4〜6月。総状花序に白紫色の花を咲かせる。長さは3〜4mmと小さく葉腋から長さ2〜5cmの花柄を出し、多くは4花を開く。**葉**：6〜7対の小葉からなる羽状複葉で、ほとんど無柄。先端は分枝する巻きヒゲとなる。小葉は狭卵形で長さ10〜17cmで幅2〜3mmで円頭。托葉は狭卵形で基部に1〜2個の歯牙がある。
**果実**：長楕円形の豆果6〜10mm、長さは6〜10mmで、幅が3〜4mmで短毛があり、黒熟する。
**この植物について**：雀野豌豆。カラスノエンドウと同じような場所に生える。全体に小型で托葉に腺点がないことで区別される。豆果は長楕円形で6〜10mmで中に2つの種子がある。（米田該典）

学内での分布：G-H、他各所

マメ科 春

## カスマグサ　*Vicia tetrasperma* ／ lentil vetch

**大きさ**：約60cmのつる性1年草。**分布、原産地**：本州〜琉球、ユーラシアの温暖帯に分布。北アメリカに帰化している。**花**：花期は4〜5月。長さ5〜7mm、淡青紫色の総状花序に1〜3の花がつく。**葉**：長さ12〜17mm、幅2〜4mm、狭長楕円形の小葉8〜12枚からなり、葉軸の先は巻きひげになる。**果実**：長さ10〜15mm、幅3〜4mmの無毛の豆果の中に楕円形の種子を普通4個入る。

**この植物について**：烏雀間草。名前の由来がおもしろい。カラスノエンドウとスズメノエンドウの間くらいの大きさなのでカとスの間でカスマグサ。この3種の見分けは花の色だけでも容易であり、学内にも揃っている。花は中間の大きさといいながら托葉はカラスノエンドウよりも大きく、茎や葉から受ける印象はスズメノエンドウよりもなよなよしい。マメの数はカラスとスズメの中間である。（栗原佐智子）

学内での分布：日当たりの良い各所

## カラスノエンドウ(ヤハズノエンドウ) *Vicia angustifolia* ／ common vetch, narrow-leaved vetch

**大きさ**：150cmほどのつる性の1年草〜越年草。**分布、原産地**：本州〜琉球、ユーラシア大陸の暖温帯に分布。**花**：花期は3〜6月。葉の脇に付き、紅紫色、12〜18mm。**葉**：8〜16枚の小葉は先端がくぼみ、長さ2〜3cm、幅4〜5mm。托葉は深く2裂する。**果実**：無毛の豆果は長さ3〜5cm、幅5〜6mmで黒く熟し、茶褐色で黒斑のある丸い種子が5〜10個入る。

**この植物について**：烏野豌豆。カラスノエンドウは、ヤハズノエンドウともいい、近縁種のスズメノエンドウに似ている。それ(スズメ)より大きいことからその名にカラスとついた。血行をよくする作用があり、軽い胃のもたれがあるときに、服用すると胃炎に効くといわれる。実ったさやを割って種を除き、さやの片方をちぎって吹くと、ピーッと音がでる。ソラマメ属。(伊藤功一)　　　　　　　　学内での分布：日当たりの良い各所

マメ科 春

## ミヤコグサ　*Lotus corniculatus* var. *japonicus* ／ bird's-foot trefoil

**大きさ**：5〜40cmの多年草。**分布、原産地**：北海道〜九州、朝鮮・中国（本土、台湾）・ヒマラヤに分布。**花**：花期は4〜10月に黄色〜鮮黄色の花を咲かせる。花序には1〜4個の花がつく。**葉**：小葉は狭倒卵形、托葉状につく。幅3〜10mmで長さは幅の3倍以下。茎とともにほとんど無毛。**果実**：豆果は線形で長さ2〜3.5cm、熟すと2片に裂け、20個内外の種子が入っている。
**この植物について**：都草。奈良の都あるいは京の都に見られたので都草の名がついた、あるいは中国名の脈根草（ミャクコンソウ）がなまって都草になったとの説がある。花の形から烏帽子草（えぼしぐさ）とも呼ばれる。近年ヨーロッパから帰化したセイヨウミヤコグサも多い。葉や茎に毛を持つものが帰化種である。現在、ミヤコグサは窒素固定が可能なマメ科植物のモデル植物としてゲノム解析の対象となっている。（福井希一）

学内での分布：日当たりの良い草地

花穂

## コメツブツメクサ　*Trifolium dubium* ／ lesser trefoil

**大きさ**：10〜50cmの1年草。**分布、原産地**：日本各地に分布。ヨーロッパ〜西アジアが原産地。**花**：花期は4〜7月。長さ3〜4mmで黄色の花をつける。5〜20花がまばらに球状に集まる。**葉**：長さ5〜10mm、鋸歯のある倒卵形の葉をつけ、3小葉となる。**果実**：褐色に枯れた花冠の中に長さ約2mm、幅約1mm、楕円形で無毛の豆果をつける。

**この植物について**：米粒詰草。この植物について：キバナツメクサ、コゴメツメクサとも言う。帰化植物で、明治末期に渡来した。牧草としても用いられる。またアレロパシー等の抑草作用を有し、他の植物の生育を生物的に制御することから、シバを安定的に維持・管理するためにも用いられる。**参考**：よく似たクスダマツメクサは30〜50個程度の花を密につけ、花序は1cmほど。果実はコメツブツメクサと同様である。（福井・栗原）

　　　　学内での分布：日当たりの良い各所

参考：クスダマツメクサ

マメ科 春

果実

## シャリンバイ　*Raphiolepis indica*／yeddo hawthorn

**大きさ**：1～4mの常緑低木～小高木。**分布、原産地**：本州（宮城県・山梨県以西）・四国・九州・小笠原・琉球の主に海岸、朝鮮・台湾・中国大陸・フィリピン・ボルネオに分布。**花**：花期は4～6月。白色、倒卵形・倒広卵形の花弁を持つ花をつける。**葉**：長さ4～10cm、幅2～5cm、長楕円形、革質で光沢を持つ。まばらに鈍鋸歯がある。**果実**：径7～12mm、黒紫色で光沢を持つ。

**この植物について**：車輪梅。一箇所から多数出る小枝が車輪のように見えることと、花が梅に似ていることからシャリンバイという名前がつけられた。シャリンバイは沖縄や奄美地方ではチカチとかテカチキとよばれる。樹皮や材、根に多量のタンニンが含まれており染色に使われる。大島紬の帯褐黒色は本種で染めたものである。もともと海岸に自生する植物であり、乾燥に強いことに着目され街路樹や路側帯に植栽される。（上田サーソン圭子）

学内での分布：各所で植栽

果実

## シロヤマブキ　*Rhodotypos scandens* ／ black jetbead, jetbead

**大きさ**：1〜3mの落葉小低木。**分布、原産地**：本州（中国地方）、朝鮮・中国に分布。**花**：花期は4〜5月。白色で径3〜4cm。花弁は4枚で長さ13〜18mm、幅11〜16mmで細脈がある。**葉**：卵形。鋭尖頭で基部は円形。長さは5〜10cmで幅は2〜5cm。鋭い重鋸歯がある。裏面には伏した白色の軟毛が多く、脈が目立つ。**果実**：そう果。楕円形で長さ7〜8mm、幅約6mm、厚さ約6mm。果皮は膜質で黒色。光沢がある。

**この植物について**：白山吹。全体の草姿はヤマブキと似ているが、分類上は異なる。シロヤマブキとヤマブキは、前者の葉が対生であるのにたいして、後者は互生。花弁が前者は白色で4枚であるが、後者は黄色で5枚であり、ヤマブキとは別属。1属1種の植物である。広島県、岡山県等のごく限られた地域、特に石灰岩地帯に自生する。米国東部には1866年に観賞用として導入されたあと、他の植物を駆逐して広がっている。（福井希一）

学内での分布：G-5、J-5

バラ科　春　63

托葉

果実

## ノイバラ　*Rosa multiflora*／polyantha rose

**大きさ**：2mほどの落葉低木。**分布、原産地**：北海道（南西部）・本州・四国・九州の低地や山地、朝鮮に分布。**花**：花期は5〜6月。白色で小さく、径は1.8〜2.3cm。花弁は倒卵形。**葉**：7〜9小葉からなる。小葉は薄くて柔らかく、しわがある。表面は浅緑色で光沢はなし。裏面と羽軸に軟毛がある。頂小葉は倒卵状長楕円形で急尖頭、長さが2〜4cm。鋭鋸葉縁がある。**果実**：秋に赤く熟す。小さく、卵状楕円形または球形。長さは約7mm。

**この植物について**：野茨。河原や林縁にふつうに生える落葉低木である。5月頃、芳香のある白い花を多数つける。小葉の表面にはしわがあり、光沢はない。仲間のテリハノイバラの小葉は革質で表面が濃い緑色で光沢がある。葉柄に合着している托葉のふちは櫛の歯状に深く切れ込む。バラ属ではこの托葉の形が種の同定の際の重要なポイントになる。耐寒性や耐病性に優れていることもあり、バラの園芸品種の台木にされる。（齊藤修）

学内での分布：G-5、J-4

参考：テリハノイバラ

## ヤエヤマブキ　*Kerria japonica* cv. Plena ／ Japanese rose

**大きさ**：1～2mの落葉低木。**分布、原産地**：日本、中国。**花**：4～5月に直径3cmほどの八重咲きの黄色の花を咲かせる。**葉**：膜質で互生し、長さ3～7cmの卵形。先端は鋭く尖る。鋸歯や葉脈ははっきりしている。**果実**：雄しべは弁化し、雌しべも退化しているので実はならない

**この植物について**：八重山吹。ヤマブキの八重咲きの園芸品種。雄しべは弁化し、雌しべも退化しているので実がつかない。「七重八重花は咲けども山吹のみのひとつだになきぞかなしき」という和歌でおなじみの太田道灌の故事が有名である。貧しさをヤエヤマブキは花が咲いても実がつかないことを蓑ひとつないことと掛け合わせて表現している。（上田サーソン圭子）

学内での分布：F-4

バラ科　春　65

オオシマザクラと果実

サトザクラ:「御衣黄(ギョイコウ)」   サトザクラ:「関山(カンザン)」

微生物病研究所のシダレザクラ

66 春 バラ科:サクラの仲間

阪大ICホール前のソメイヨシノ

## サクラの仲間　*Prunus* spp.／cherry blossoms

**大きさ**：約20mの落葉高木。**分布、原産地**：山地に自生、または観賞用に栽培される。**花**：白から紅色。**葉**：互生で縁には鋸歯があり、托葉をもつ。**果実**：核果で1個の種子がある。

**この植物について**：キクと並んで国花のひとつ。東京都の花でもある。公園等で通常、見られるソメイヨシノ（染井吉野）は江戸末期にエドヒガン系園芸品種とオオシマザクラの自然交配で生まれた1本の木に由来すると考えられている。当初は、江戸染井村の植木屋がサクラの名所である吉野にちなんで「吉野」桜として売りだしていたが、吉野桜（ヤマザクラ）とは異なることが1900年、『日本園芸雑誌』において報告され、「染井吉野」と命名された。花が咲いた後、葉がでる。結実できないので、全てのソメイヨシノは接木など人の手を介して増殖されたクローンである。したがって遺伝的組成は全てのソメイヨシノにおいて全く同一である。このため、環境に対する反応も極めて類似しており、例年3月に気象庁が発表する「さくらの開花予想」（桜前線）もソメイヨシノの開花状況が基準となっている。民間薬としては、樹皮の煎液をおでき・吹出もの・咳どめなどに服用する。葉を塩漬け保存すると芳香物質が生じるので、お茶や桜餅に利用されている。特にオオシマザクラの葉が好まれている。一方、ヤマザクラは丘陵地などに多く見られるサクラの自生種のひとつである。多くの場合葉と花が同時に開く。ソメイヨシノが60年程度の寿命といわれているのに対して長い寿命をもつ。（福井希一）　　学内での分布：各所に植栽

バラ科：サクラの仲間　春

雄花　　　　　　　　　果実　　　　　　　　雌花

# トベラ　*Pittosporum tobira* ／ Japanese cheesewood, tobira

**大きさ**：2〜3m常緑低木。**分布、原産地**：本州（太平洋側では岩手県以南・日本海側では新潟県以南）・四国・九州・琉球の海岸、朝鮮南部・台湾（変種）・中国大陸（変種）にも分布。**花**：花期は5〜6月。雌雄異株。枝先に白色5弁花をたくさんつけ、香りがよい。**葉**：長さ5〜10cm、幅2〜3cmの長楕円形で、枝先に着き先端は円い特徴がある。中央の葉脈のは顕著で表面に光沢があり、厚く縁は裏側に巻く。こんもりした樹形をつくる。**果実**：雌株は径1、2cm堅い球形果を付け、緑黄色に熟すと3つにわれてよく粘る赤い種子を覗かせる。

**この植物について**：扉。暖地の海岸では普通の常緑低木。病虫害や乾燥に強いことから庭園、公園、街路樹として広がり、近年では高速道路のグリーンベルトの樹として各地に植えられている。その結果、数種の品種が生まれているが形質的に特異な品種はない。欧米では観賞用に改良された品種があるというが筆者は未だ見ていない。なお、トベラは扉の訛った言い方で、地域によっては節分の折りに門扉に刺して悪霊除けをしたからとの説もある。（米田該典）

　　　　　　　　　　　　　　学内での分布：各所に植栽

## ウツギ　*Deutzia crenata* ／ crenate pride-of-Rochester

**大きさ**：2〜4mの落葉低木。**分布、原産地**：北海道（南部）・本州・四国・九州に分布。**花**：花期は5月下旬〜7月。径約1cm、白色鐘形の5弁花をつける。**葉**：対生し、長さ4〜9cm、幅2.5〜4cm、卵形・楕円形をし、縁には微細な鋸歯がある。**果実**：径4〜7mmの木質で椀状のさく果を作り、3ないし4裂する。
**この植物について**：空木。初夏に蛋白研近くで、白く房状に咲く花に引き寄せられた。日本原産のこの植物は別名を旧暦の卯月に咲くことからウノハナ（卯の花）といい、古くから植栽され万葉集の中で歌われる。ウツギとは空木と書き、幹が中空になっていることに由来する。若い枝、花序、葉に特徴ある「星状毛」があるため、葉に触れるとざらついた感じがする。
（栗原佐智子）　　　　　　　　　　　　　　学内での分布：F-4

ユキノシタ科　春　69

## タネツケバナ　*Cardamine flexuosa*／woodland bittercress, wavy bittercress

**大きさ**：10〜20cmの越年草。**分布、原産地**：温帯以北ではユーラシア大陸各地に分布。**花**：花期は3〜6月。白色の4弁で花弁の長さは3〜4mm。**葉**：羽状複葉で、全長は2.5〜9cm。小葉は1〜8対あり、円形から楕円形。全縁から鋸歯縁で、頂小葉はやや大きい。基部から多くの枝を出して立ち上がり、基部近くは紫色を帯びている。**果実**：花後に花序が2cmにも伸張する棒状の果実となって、多数見られる。角果は長さ約1〜2cm、幅1mmの細い円筒形。無毛で直立する。

**この植物について**：種漬花。開花は学内では3月には始まり5月まで見られる。分布は広く、同属植物は150種以上を数える。温帯北部の各地では若くて柔らかい時期の全草を食用として利用している。早春に発芽成長することから、欧州各地では栽培して食用ともしている。わずかに辛みがあることが好まれるのだろうが、タネツケバナは同属植物の中ではやや辛みは少ない方で、時に辛みが強い株があるが、同属の帰化種である可能性が高い。**参考**：よく似たミチタネツケバナは茎が無毛で果実が花に沿うように付き、小葉に切れ込みがない。（米田・栗原）

学内での分布：やや湿った土地に普通

参考：ミチタネツケバナ　　参考：ミチタネツケバナの果実のつき方

ロゼット葉

## カキネガラシ　*Sisymbrium officinale* ／ hedge mustard

**大きさ**：15〜80cmの越年草。**分布、原産地**：日本各地に分布。ヨーロッパ〜西アジアが原産地。**花**：花期は5〜7月。4花弁、直径5mm程度の長楕円状で黄色の花をつける。**葉**：単葉で羽状に深裂し、裂片はさらに浅裂する。**果実**：長さ10〜15mm、線状披針形の長角果を斜上につける。短毛がある。

**この植物について**：垣根芥子。黄色い花が先端に付いた茎が乱雑に倒れているような様子である。短い果実も茎に密着するように斜め上に向けて付くので特徴的。葉は根元に大きく広がっている。明治時代に渡来した帰化植物で和名の由来は英語名を直訳したものらしい。ツマキチョウ（褄黄蝶）スジグロシロチョウ（筋黒白蝶）の食草である。食草とは昆虫が餌とする特定の植物のこと。（栗原佐智子）　　　　学内での分布：H-6

アブラナ科　春

### セイヨウカラシナ *Brassica juncea* / leaf mustard, cosson, brown mustard

**大きさ**：30〜150cmの越年草。**分布、原産地**：日本各地に分布。ヨーロッパが原産地。栽培のカラシナの野生種である。クロガラシとアブラナの交配種と考えられる。**花**：花期は4〜5月。茎の頂に1cm程度の黄色い扁平な十字形花からなる総状花序をつける。**葉**：互生し、楕円形で緑色。基部で茎を抱かないのが特徴。**果実**：先端に長さ5〜10cmの長角果をつけ、熟すると裂けて黒褐色の小さな種子を散らす。ちなみに、カラシナは褐色でクロガラシは黒色である。
**この植物について**：西洋芥子菜。春に関西各地の河川床を黄色く彩り、見事な景観をみせるのは本種が逸出したもので、雪解けの増水時には水利の障害ともなって問題化することもある。若葉には特有の辛みがあることから、野菜としても重用され、カラシナは奈良時代にはすでにわが国へ伝えられたという。果実はカラシ（芥子）と同様に使用できる。辛み成分はシニグリンという成分が酵素ミロシナーゼによってアリルイソチアネートに変化したものである。ちなみに分解酵素は40度で最も活性化するので温湯で溶くのがよい。ただ、苦みがあり脱苦みが面倒なので和辛子には余り使われない。（米田該典）　　　学内での分布：I-4

### ショカッサイ(ムラサキハナナ) *Orychophragmus violaceus* / Chinese violet cress

**大きさ**：10～50cmの1年草。**分布、原産地**：日本各地に分布。中国東部から朝鮮半島が原産。**花**：花期は4～5月。径2～3cmの紅紫色の花が頂生する。**葉**：上部の葉は無柄で鋸葉縁であるが、根出葉や下部の葉は有柄で羽状に分裂している。**果実**：先端に突起をもつ長さ7～10cmの細長い長角果をつける。

**この植物について**：諸葛菜。ショカッサイという名前は三国時代の知将・諸葛孔明が野菜不足対策に陣中でこの種に近いアブラナ科の食物の種を蒔かせたことに由来するという。中国原産で、日本には江戸時代に栽培植物として移入された。現在では逸出して野生化したものが多い。根出葉および下部の葉には柄があり、葉身が羽状に分裂する。上部の葉には柄がなく、基部が茎を抱く。ムラサキハナナ、オオアラセイトウ、ハナダイコンといった別名でも有名。(齊藤修)

学内での分布：H-5

アブラナ科 春

葉　　　　　　　　　　果実

## クスノキ　*Cinnamomum camphora* / camphor tree

**大きさ**：20〜30mになる常緑高木。**分布、原産地**：本州・四国・九州の暖地に分布。中国江南地方が原産地といわれる。**花**：花期は5〜6月。花被片が広卵形で長さ約1.5mmの黄白色の小さい花を咲かせる。内面に細毛を敷き、花後に脱落する。**葉**：互生し、無毛、卵形で急鋭尖頭。長さ15〜20mm、幅3〜6mmでやや革質。表面は緑色で光沢があり、裏面は黄緑色、羽状3行脈で脈腋に小孔がある。**果実**：直径8〜9mmの球形で秋に黒熟する。

**この植物について**：楠、樟。クスノキ科の植物の葉にはクチクラ層という葉の表面のコーティングにより、日射を受けても葉の水分が蒸発しにくくなっている。葉をもむと、タンスの虫除けなどによく使われる樟脳の匂いがするのも特徴。街路樹や公園木にしばしば利用される。吹田市の木でもある。縦に裂けた皺状の樹皮と丸みを帯びた樹形で、遠めからでも見分けやすい。（齊藤修）

学内での分布：G-5 他

果実　　　　　雄花

# アケビ  *Akebia quinata* ／ akebi, five-leaved akebia

**大きさ**：つる性落葉低木。**分布、原産地**：原産地は日本・朝鮮半島・中国。日本では本州から九州に分布。**花**：花期は4月〜5月。雄、雌同株で葉の間から総状花序をだし、その先端に雄花、基部に雌花がつく。雄花は多数付き、直径は10〜16mm。雌花は数個付き、直径25〜30mm。淡紫色。**葉**：葉は互生し、掌状複葉で5個の小葉がある。小葉は長さ3〜5cmの楕円形、先端はややくぼむ。**果実**：果実は長楕円形。大きさは10cm前後。10月頃熟すと縦に割れ、中の白い果肉と種子が現れる。

**この植物について**：木通。果実を食べるほか若葉をゆでておひたしや漬物にする。つるは強いので薪などを束ねたり、皮をむいて籠などを編む。長野県の民芸玩具「鳩車」は有名である。太いつるは「木通(もくつう)」と称し、利尿薬として用いる。学内にも生育している類似植物のミツバアケビの複葉は、縁に波状の大きな鋸歯をもつ3枚の小葉からなる。ゴヨウアケビは、アケビとミツバアケビの雑種と考えられ、その複葉は縁に鋸歯のある5枚の小葉からなる。（高橋京子）　　　　　　　学内での分布：F-5、K-5 他

アケビ科　春　75

## ヒメウズ *Semiaquilegia adoxoides*

**大きさ**：10～30cmの多年草。**分布、原産地**：本州（関東地方以西）～九州の温帯、朝鮮南部・中国に分布。**花**：花期は3～5月。茎の先に約5mmの下向きについた紅色を帯びた白色の花を咲かせる。花弁は細く、幅2.5mmほど。**葉**：根出葉、茎葉ともに円形。根出葉は径1～2.5cmで長い柄のある1回3出複葉で、小葉は中～深裂し、裂片はさらに浅裂する。茎葉の葉柄は短く基部は広がり茎を抱く。**果実**：長さ5～6mmの尖った上向きの袋果をつける。袋果は裂けて中には10個程度の小さな種子が顔を出す。

**この植物について**：姫烏頭。根茎に毒があるのでトリカブトの根（ウズ＝烏頭）に似ており、小さいためヒメウズと呼ばれるらしい。しかし、花はトリカブトには似ず、中心が黄色い小さな白い花が下向きに咲くところが控えめで可憐な印象である。林の中で小さくても葉や花が特徴的であるため、一度おぼえると見つけやすいかもしれない。生え始めの葉は同科の植物であるオダマキに似ている。中国では全草を天葵、根茎は天葵子といい、解毒、利尿薬とする。（栗原佐智子） 学内での分布：F-3、G-5

葉の形　　　　　　　　　雌花

## カツラ *Cercidiphyllum japonicum* / katsura tree

**大きさ**：30mの落葉高木。**分布、原産地**：北海道・本州・四国・九州の温帯に分布。**花**：花期は3〜5月。雌雄異株で花弁がない。雄花の葯は長さ3〜4mmの紅紫色で、雌花の雌蕊は紅色である。**葉**：長さ3〜7cm、幅3〜8cm、円心形で波状の鈍鋸歯をもつ。裏面は粉白をおび、長枝では稀に互生する。**果実**：長さ約1.5cm、円柱形の袋果を作り、熟すと黒紫色をおびる。

**この植物について**：桂。雌雄異株で産業科学研究所前にあるものは雌株。年に2回芽を出し、春先に越冬した芽からはハート型、夏ごろには披針形をした2種類の葉が出る。秋口に小さなバナナのような形をした袋果をつける。また茶色くなった落ち葉からキャラメル様（人によっては醤油様）の匂いがする。マルトールと呼ばれる水溶性の物質が匂いの元で、特に雨上がりなどに匂いが強くなる。水分の多い土地を好み、近畿中・北部の山間の谷間の水が湧き出るような場所には樹齢数百年に達する巨樹が数多く存在する。（山東智紀）　　　　　　　　　　　学内での分布：H-3、M-5

カツラ科　春　77

果実

## コブシ　*Magnolia praecocissima* / star magnolia

**大きさ**：18m、幹の直径60cmになる落葉高木。**分布、原産地**：北海道・本州・四国・九州、朝鮮（済州島）の温帯より暖帯上部に分布。**花**：葉が開くのに先だって、3月～5月に、白花が枝先に1個ずつ付く。花の大きさは直径6～10cm、がく片は3個で小さく、花弁は6個で基部は桃色を帯びる。花柄の下には1個の葉が見える。**葉**：裏面は淡緑色で長さ6～15cm、幅3～6cm、倒卵形もしくは広倒卵形の葉が互生する。**果実**：袋果が集まって、長さ5～10cmの長楕円形でこぶのある不規則な形をしている。袋果は裂けて、赤い仮種皮状の外種皮に包まれた種子が白い糸にぶら下がる。

**この植物について**：辛夷。モクレン属の日本原産種の代表である。その果実あるいはつぼみの形が拳（こぶし）のように見えることから名づけられた。他にコーバシ（鳥取県八頭郡）、オマウクシニ（いい香りを出す木）、オプケニ（放屁する木、アイヌ名）など樹皮の香りに由来する名もある。観賞用として植えられ、材は用途が広い。同属のタムシバはコブシとほとんど差異のない花をつけるが、花の時期に花柄の下に葉が見えない。（高橋京子）　　　　　学内での分布：J-6、H-3

78　春　モクレン科

## ハクモクレン　*Magnolia heptapeta* ／ lily tree, yulan magnolia

**大きさ**：5〜15mの落葉高木。**分布、原産地**：中国東部が原産地。**花**：花期は3〜4月。白色で径10cmほどの狭倒卵形の花被片が9枚で3枚ずつ輪生する。**葉**：互生し、長さ8〜15cm、幅6〜10cmの倒卵形もしくは楕円状卵形。基部はくさび形で先は鈍形で頂端は突出し、やや厚い。裏面脈状に軟毛がある。**果実**：10月頃に黄緑色から赤く熟す。袋果が集まった形をし、全体として長さは9cmほど。

**この植物について**：白木蓮。赤紫色のモクレン（*M.quinquepeta*）に対して花が白色であることがその名の由来。どちらも春の花木の代表だが、場所によってモクレンは花と葉の展開がほぼ同時なのに対し、ハクモクレンは葉の展開する前に花が開くことがある。花のつぼみ（花芽）は白っぽい毛に覆われており、花が開くときは2つに割れて落ちる。同属のコブシもそうだが、花芽は陽光を受ける側がふくらむので、先端が北に反る。春の一時期だけだが、自然の方位磁石というわけだ。（齊藤修）

学内での分布：K-6、L-3

果托　　　　　　　　　半纏に似ている葉

## ユリノキ　*Liriodendron tulipifera* ／ tulip tree, yellow popular, whitewood

**大きさ**：20m程度の高木。**分布、原産地**：北米東部〜中部にかけて自生。原産地も同じ。**花**：花期は5〜6月。帯黄緑色のチューリップに似た花が咲く。花弁は6枚。直径5〜6cm。**葉**：4ないし6に浅裂する半纏形。長さ6〜15cm。互生。**果実**：翼果が集まった集合果。コップ状の果托に松かさ状に集まる中に1〜2個の種子が入っている。10月ごろに成熟。

**この植物について**：百合の樹。チューリップのような形の花をたくさんつける北アメリカ原産の落葉高木。原産地では50mを超えることもある。明治初期に渡来し、各地に植えられている。大きな葉の上に花が上向きに付くので、歩く人の視線からは花が隠れてしまい、この特徴のある花に気づかない人が多い。その点、サイバーメディアセンター吹田教育実習棟横のユリノキは枝が下まで伸びているので、花の観察にはちょうどよい。先端が凹んだ葉が、半纏に似ていることから別名をハンテンボクとも言う。（齊藤修）

学内での分布：K-5

80　春　モクレン科

## シデコブシ　*Magnolia stellata* ／ star magnolia

**大きさ**：約5m程度の落葉小高木。**分布、原産地**：日本固有種。本州（中国地方南東部）の低山、丘陵地に分布。庭木として栽培される。**花**：花期は3〜4月。径7〜10cm、淡紅色もしくは白色を帯びた紅色の花をつける。**葉**：花が終わってから繁り、長さ5〜10cm、幅1〜3cm、長楕円形または倒披針形の葉が互生する。**果実**：長さ3〜7cmの集合果が垂れ下がり、赤熟する。

**この植物について**：幣拳、四手辛夷。花弁の形が神前に供えられる玉串の注連縄に付けられる紙の「幣、四手」に似ることに由来する。東海地方の日当たりの良い湿地を原産とし、コブシとタムシバの交雑により生じたものと考えられている。絶滅危惧Ⅱ類とされており、渥美半島の自生のシデコブシは天然記念物に指定されている。絶滅危惧Ⅱ類とはⅠ類についで絶滅の危険が増大している種を指す。（福井希一）

学内での分布：I-3

## モクレン（シモクレン） *Magnolia quinquepeta* ／ lily magnolia

**大きさ**：3～5mの落葉小高木。**分布、原産地**：中国の湖北省を中心とした地方に分布。**花**：花期は4月。葉に先立って開き、葉の展開に伴って咲き続ける。花弁は6枚、紅紫色。長さ10cm程度、幅4cm程度と細長い。**葉**：長さ8～18cmの広倒卵形で、互生する。托葉またはその癒着した鞘があり、これらにはその次に位置する新しい幼芽を保護する役目がある。これはモクレン科の顕著な特徴である。**果実**：袋果が集まった集合果で、集合果は長楕円形。種子は赤色。

**この植物について**：木蓮。同じモクレン属の中国原産種として広く知られるハクモクレンはモクレンと似るが、葉は同じか少し小さく花が白色で花弁は丸に近い。ハクモクレンは中国の古い絵画によく描かれているが、モクレンは清朝で初めて現れ、数も多くはない。日本への渡来時期は明らかではないが、ハクモクレンは元禄時代以前、モクレンも江戸時代以前と考えられる。（高橋京子）

学内での分布：K-6、L-6

## ウシハコベ　*Myosoton aquaticum* ／ water chickweed, giant chickweed

**大きさ**：20～50cmの多年草。**分布、原産地**：日本各地、ユーラシア・北アフリカ・北アメリカ東部に分布。**花**：花期は4～10月。白色で上部の葉腋（葉のつけ根）に単生、もしくは集散花序となる。**葉**：長さ1～8cm、幅0.8～3cmの卵形・広卵形で、先は先鋭形、基部は円形である。**果実**：卵形のさく果を作り、円形・楕円形の種子を含む。

**この植物について**：牛繁縷。その名の通り、他のハコベの仲間よりも花も葉も大きいのでウシハコベ。帰化植物であり、雌しべの先端が5つに分かれているのが他のハコベと見分ける大きなポイントである。ウ・シ・ハ・コ・ベは5文字なので5本と覚えるとか。学内で他のハコベの仲間はあちこちで観察できるが、ウシハコベはあまり確認できていない。（栗原佐智子）

学内での分布：F-3 他

## オランダミミナグサ　*Cerastium glomeratum*／mouse-ear

**大きさ**：10〜20cmの1年草。**分布、原産地**：北アフリカ・アジア・オセアニア・南北アメリカに分布。ヨーロッパが原産地。**花**：花期は3〜5月。先端に切れ込みのある白い花をつける。**葉**：長さ7〜20mm、幅4〜12mm、卵形〜長楕円形の葉をつける。葉の両面に軟毛が生えている。**果実**：円筒形のさく果をつけ、先が裂けて黄色の種子を多数放出する。

**この植物について**：阿蘭陀耳菜草。在来種のミミナグサという種よりはこの種の方が良く見つけることができる。花の違いはオランダミミナグサのほうが、花柄が短いため、花が集合して小さな花束のように見えるところである。全体に毛が多く、花が終わると果実が熟して褐変してくるので枯れたように見え、草丈も伸びてくる。ミミナグサとは耳菜草と書き、葉の形がねずみの耳に似ているから。（栗原佐智子）　　学内での分布：F-4 他

## ノミノツヅリ *Arenaria serpyllifolia* ／ groundsel

**大きさ**：10〜25cmの1年から越年草。**分布、原産地**：世界各地に分布。ユーラシアが原産地。**花**：花期は3〜6月。花柱は3本、直径約5mmの先端が割れない5弁の白い花をつける。有毛のガク片は花被片より大きい。**葉**：茎や葉には短毛がある。葉柄はなく、長さ3〜7mmの広卵形〜狭卵形の葉が対生する。**果実**：2〜3mmの果実は熟すと6裂する。
**この植物について**：蚤の綴。花や葉がごく小さく、根元からよく分枝し、株は立ち上がる。葉を蚤の衣類（綴り）に例えている。全体に毛がある。名もよく似た同科の植物に、ノミノフスマがあり、こちらは葉を布団（衾）にたとえている。蚤は困った昆虫であるが、蚤が植物の葉の衣類や布団を使っているのを想像させるのは和名の楽しさであろう。ノミノフスマはハコベ属（*Stellaria*）で、本種ノミノツヅリ属と異なり、花弁が深裂するので10枚あるように見える。（栗原佐智子）　　　　学内での分布：各所

# ミドリハコベ *Stellaria neglecta* / common chickweed

**大きさ**：10〜20cmの越年草。**分布、原産地**：日本各地、ヨーロッパ・アジア・アフリカの温帯〜亜熱帯に分布。**花**：花期は3〜9月。直径5mm程度で花弁は白色、5枚あり、基部で深裂している。花柱は3本、雄しべは4〜10本。**葉**：心形で対生につく。下部のものには柄があるが、上部のものにはない。**果実**：さく果は長卵形。種子は径約1.5mm、表面に円錐状の突起がある。

**この植物について**：緑繁縷。良く似たコハコベと判別が難しいがガクよりも花弁が短い、雄しべの数が多い、茎が緑色、という点で区別でき、最も有効なのは種子の形で突起があるものがミドリハコベ。コハコベとミドリハコベを総称してハコベというようで、葉の柔らかなハコベは春の七草のひとつで粥にいれてもくせがない。小鳥の餌としてよく知られ、筆者も子供の頃は飼い鳥のために一生懸命摘んだものである。古くから焼いたり、乾燥させたりして塩と混ぜ、歯磨き粉として利用されている一面もある。
（栗原佐智子）　　　　　　　　　　　　　　　学内での分布：各所の路傍

花のう

## イヌビワ *Ficus erecta*

**大きさ**：約4mの落葉小高木。**分布、原産地**：本州（関東地方以西）・四国・九州・琉球、朝鮮（済州島）の低地の林内に分布。**花**：雌雄異株。4月に緑色の葉腋に1個の花のうをつける。雄花のうは雄花と虫えい花をつけ、雄花は5枚の花被片と2本の雄しべ、虫えい花は5枚の花被片と不稔の花柱がある。雌花は白色の5枚の花被片と1本の雌しべがある。**葉**：長さ8〜20cmの倒卵状長だ円形か倒卵形の互生である。**果実**：雌花のうは直径約1.5〜1.7cmの果のうとなり食べられるが、雄花のうは直径約1.5cmで赤くなるが食べられない。
**この植物について**：犬枇杷。葉や幹を傷つけると乳液が出る。共生関係となっているイチジクコバチという昆虫が受粉を助ける。初夏にイチジクコバチの雌が雄木の花のうから飛び出す際に体に花粉をつけ、雌木の花のうに産卵するが、長い花柱に阻まれ出られず内部で死ぬ。おかげで、この花のうは受粉熟して種子を作る。秋から冬の雄木の花のうには越冬中のコバチが入っている。基礎セミナーの授業でこの話を聞いた学生の一人が、花のうを割ったら本当に虫が入っており、皆で感心しながら観察した。（栗原佐智子）学内での分布：G-5他

クワ科 春 87

果実

## エノキ　*Celtis sinesis* var. *japonica* ／ Japanese hackberry

**大きさ**：20m程度になる落葉高木。**分布、原産地**：本州、四国、九州、沖縄、中国中部に分布。**花**：雌雄同株。花期は4～5月。葉の展開と同時に開花する。**葉**：互生。葉身は長さ4～9cm、幅2.5～6cmの広楕円形。左右非対称なのが特徴。成木の葉は上部3分の1ほどに小さな波状の鋸歯があるものと、ほとんど鋸歯がないものがある。**果実**：核果。直径6mmほどの球形で、9月に赤褐色に成熟する。

**この植物について**：榎。大木になることから、かつては街道の一里塚などに使われた。灰褐色の樹皮に横線がまばらに入る。葉は国蝶であるオオムラサキの幼虫の餌になる。建築材、器具材、薪炭材として利用される。器具の柄に利用されるから「柄の木」とか、「縁の木」だとか、名前の由来には諸説がある。木偏に夏と書くのは夏に涼しい木陰をつくることからの当て字という説もあるらしい。果実は鳥の好物で、鳥によって運ばれた種子から発芽した実生がキャンパス内の親木の周辺にはたくさん見られる。（齊藤修）

学内での分布：G-3 他

ケヤキ並木

果実　　　　　　　　　雄花

## ケヤキ　*Zelkova serrata* ／ Japanese zelkova, sawleaf zelkova, keaki

**大きさ**：20〜25mの落葉高木。**分布、原産地**：本州・四国・九州、朝鮮・台湾・中国大陸に分布。**花**：花期は4月ごろ。新芽とともに、単性で雌雄同株の黄緑色の花をつける。**葉**：長さ3〜7cm、幅1〜2.5cmで、長鋭先頭の葉が2列互生する。**果実**：10月に、扁球形で灰黒色の果実を熟する。
**この植物について**：欅。キャンパスの中通りの並木など、ケヤキはおそらく街路樹として日本で一番人気があるように思う。白っぽくてなめらかな樹皮、空に向かって伸びをしたようなすらっとした扇状の樹形は絵になる。材としても優れており、関東では屋敷林としてよく植えられ、家の建て替えの材料に使われたという。古くはツキ（槻）とも呼ばれ、大槻などの地名や苗字はこの大木に由来するという。（齊藤修）

学内での分布：J-5、J-6 他

ニレ科　春

若い雌

TS SK 樹形

## ヤマナラシ　*Populus sieboldii* ／ Japanese aspen

**大きさ**：10〜25mの落葉高木。**分布、原産地**：北海道・本州・四国に分布。
**花**：雌雄異株で花期は3〜4月。長さ5〜10cmの尾状花序を下垂する。雄花序は紅紫色、雌花序は黄緑色。**葉**：互生し、長さ5〜10cmの広卵形または扁円形で長く扁平な葉柄を持ち、先端は短く尖っている。**果実**：さく果は卵形で2裂する。
**この植物について**：山鳴らし。微風でも葉が揺れて音を立てることからこの名がついたと言われる。また、材を箱の材料にしたことから箱柳ともいう。果実が成熟して裂開すると、種子が白い綿毛と一緒に風で運ばれる。山火事や伐採跡地にまっ先に侵入する陽樹で、生長が早いため、昔からパルプ材として植林されてきた。明治以降、同属のセイヨウハコヤナギが街路樹などに導入され、属名の*Populus*にちなんでポプラの名で親しまれている。（齊藤修）　　　　　　　　　　　　　学内での分布：G-5

綿毛つきの種子

多数の芽生え

## ポプラ（セイヨウハコヤナギ）　*Populus nigra* var. *italica* ／poplar

**大きさ**：15～40mの落葉高木。**分布、原産地**：ヨーロッパが原産地。**花**：花期は3～4月。雌雄異株で花穂は雄花は暗赤色、雌花は黄緑色。ガク、花冠のない花で雄花は多数の雄しべからなる。高所のため目立たない。**葉**：葉は長さ5～8cm、幅4～6cmの三角状卵形をしており、葉縁に細かい鋸歯がある。互生する。**果実**：5月初旬、綿毛に包まれた種子が木の周り一面に浮遊する。

**この植物について**：西洋箱柳。ポプラは成長が早く、パルプの原料としてもよく利用されている。また、幹を切り倒しても、根から芽を出す性質（根萌芽）を持っている。本来ポプラは河川沿いなどの氾濫原に生えるが、常に地形が変わりやすいところで生存していくためにこの根萌芽という性質を手に入れたのだろう。（山東智紀）　　　　　　学内での分布：J-7他

歯学部にある伝説の
「義経の歯扶柳(よしつねのはぶりやなぎ)」

## シダレヤナギ　*Salix babylonica* ／ weeping willow

**大きさ**：10〜20mの落葉高木。**分布、原産地**：世界各地に分布。中国が原産地といわれ、街路、公園に植栽。**花**：雌雄異株。花期は3月上旬〜5月上旬。それぞれ、葉とほぼ同時に基部に3〜5枚の葉をつけた円柱形の2〜3cmの雄しべ、雌しべのみの尾状花序をつける。雄花序の方が大きく雄しべは2本。**葉**：長さ8〜13cm、幅1〜2cm、披針形もしくは線状披針形の葉を互生する。まれに対生する。**果実**：さく果をつくり、冠毛を有す。
**この植物について**：枝垂柳。別名イトヤナギ。奈良時代に原産国の中国より朝鮮を経て渡来したと言われる。万葉集にも、「ももしきの大宮人のかづらけるしだれ柳は見れど飽かぬかも」と詠われている。葉や枝を煎じたものは消炎、利尿、鎮痛、解熱剤として用いられる。また外用薬として塗布すると打ち身、腫れ物、しもやけ等に効果があるとされる。（福井希一）

学内での分布：H-6、J-4

## ギンラン  *Cephalanthera erecta*

**大きさ**：10〜30cmの多年草。**分布、原産地**：本州〜九州、朝鮮に分布
**花**：花期は5〜6月。茎頂に約1cm白色の花を数個つける。花は全開しない。**葉**：狭長楕円形で、長さ3〜8mm、幅1〜3cmの葉が3〜6個互生する。**果実**：直立したそう果をつくる。
**この植物について**：銀蘭。花が黄色のキンランよりも全体に小型で、白色の清楚な花をつける。同じく白色の花をつけるササバギンランはギンランよりも大きく、葉が笹の葉に似ており、茎や葉の裏面、花序に白い短毛状の突起がある。阪大内での確認されているのはわずか1個体のみで、キャンパス内での絶滅が危惧される種のひとつ。夏緑樹林の比較的明るい林床を好むため、放置（管理停止）によって林床が暗くなると絶えてしまう。
（齊藤修）　　　　　　　　　　　　　　　　　　　　学内での分布：F-3

## シュンラン　*Cymbidium goeringii*／riverstream orchid

**大きさ**：10～25cmの多年草。**分布、原産地**：北海道（奥尻島）～九州、中国に分布。**花**：花期は3～4月。淡黄緑色の花を1個頂生する。**葉**：長さ20～35cm、幅6～10cmの線形で、縁に微鋸歯がある。地ぎわに束生する。**果実**：緑色で長さ4～6cm、幅1～2cmの紡錘形をしており、3個の側壁胎座にできる。

**この植物について**：春蘭。林内に普通に見られる多年草だが、吹田キャンパス内ではまだ数個体しか確認されていない。高木が落葉中（冬期）に適度に光があたる環境でないと花をつけない。その名のとおり、春に咲く代表的な蘭で普通は3～4月に花を咲かせるが、写真を撮った個体は光環境のせいか、花をあきらめかけた5月初旬にようやく花をつけた。古くから観賞用にも栽培されている。花を塩漬けにしたものを蘭茶にする。（齊藤修）

学内での分布：F-3

## シャガ　*Iris japonica* ／ fringed iris

**大きさ**：30〜60cmの多年草。**分布、原産地**：本州〜九州、中国各地に分布。**花**：花期は4〜5月。花茎が分岐し、多数の花がつく。5〜6cmで、薄い紫色に黄色と橙色の模様がある3枚の外花被片と模様のない3枚の内花被片からなる。**葉**：長さ30〜60cm、幅2〜3cmで、常緑で深緑色の光沢のある単面葉（下記）をつける。**果実**：3倍体のため、種子は結実しない。地中の根茎から細長い枝を出して増える。

**この植物について**：胡蝶花。射干、別名胡蝶花。中国から渡来する際にヒオウギを意味する射干と混同されたとの説がある。スギ林や竹林の林床に見られ、日本のアヤメ科の植物の中では珍しく常緑である。染色体数が3倍体であるので種子はできない。牛の胃腸薬として用いられたという。修験者が呪詛調伏するときにもシャガを仏供したといわれる。**参考**：単面葉とはネギのように、芽の状態で巻いたまま成長したため、裏表のない全部が裏面の葉のことをいう。（福井・栗原）

学内での分布：H-5

アヤメ科　春　95

ニワゼキショウ白花

## ニワゼキショウ  *Sisyrinchium atlanticum* ／ blue-eyed grass, satin-flower

**大きさ**：10〜20cmの多年草。**分布、原産地**：北アメリカが原産地。**花**：花期は5〜6月。茎の先に細い花柄を出し、茎の上部の2枚の包葉の間から2〜5個の花が着く。花は径1〜1.2cmの淡紫色で濃い紫色の線条がある。6個の花被片は平開し、倒卵状長楕円形。基部は筒状で黄色。**葉**：茎は高さ10〜20cmで扁平な狭い翼がある。幅2〜3mmの線形で、縁には小さな歯がある。**果実**：さく果は球形で径3mmほど。毛がなく、紫褐色を帯びて光沢がある。

**この植物について**：庭石菖。路傍や開けた草地・芝生に普通に見られるが、北米原産の帰化種で一説には明治20年（1887）頃に渡来したと言われる。同属植物は北米の乾燥地帯を分布の中心とする植物属で、約100種が知られている。わが国にはオオニワゼキショウ、ヒレニワゼキショウなど数種が帰化しているようであるが、あまり分類することに関心がなくニワゼキショウにまとめられているようである。（米田該典）

学内での分布：草地、芝生など各所

## ムスカリ  *Muscari armeniacum* ／ Grape hyacinth

**大きさ**：15〜30cm。**分布、原産地**：地中海地方及び西南アジア。**花**：花期は3〜4月。花茎が無葉で直立し、頂部に青紫色、白色の壺型の合弁花を総状花序につける。**葉**：幅の狭い多肉質の葉が根生している。**果実**：3つの稜のある球形。球根で増やす。

**この植物について**：釣鐘のような形をした濃い青紫色の花をまるでぶどうのようにたくさん付ける変わった形をしているので、ぱっと目で園芸品種とわかる。属名はギリシャ語のmoschosムスク（麝香）からで、花の香りに由来する。ヨーロッパ原産で、もともと園芸用に持ち込まれた球根植物だが、キャンパス内でも環境エネルギー工学専攻周辺には野生化した個体を春先に見ることができる。（齊藤修）　　　　学内での分布：I-4 他

ユリ科　春

花序

## スズメノヤリ  *Luzula capitata*

**大きさ**：10〜30cmの多年草。**分布、原産地**：日本全土、朝鮮・千島・樺太・シベリア東部・カムチャツカに分布。**花**：花期は4〜5月。茎頂に頭状の密集した花序を付ける。集まって一個の毛槍のような頭花を出す。花被片は長楕円状披針形で、背部は褐色、縁は白色膜質であることから花序も褐色に見える。**葉**：葉は細く線形。縁に長い白い毛が密生し、基部はさや状になって茎を巻く。長さ5〜15cm、幅2〜3mm。**果実**：さく果。卵形で熟すと褐色になる。長さは約1mm。
**この植物について**：雀の槍。明るい低山地や草地、路傍に広く自生する。地下茎は塊状に伸びることから、シバイモ（芝芋）と呼ぶこともある。この植物群は染色体上の動原体が分散構造をとることで注目され、細胞遺伝学上は特異な植物として供試材料として知られている。同属にはユーラシア大陸に80余種があり、国内には9種が知られている。記録に拠れば飢饉の時には種子を集めて粉にして食用としたとの記録もあるようだ。（米田該典）
学内での分布：明るい草地、路傍など各所

## チガヤ　*Imperata cylindrical* var. *koenigii* ／ blady grass, cogon grass

**大きさ**：30〜80cmの多年草。**分布、原産地**：日本各地、旧世界の暖帯に分布。**花**：花期は4〜6月。茎の先に長さ長さ10〜20cmの円柱状を1個出すが、熟した穂は小穂にある長いやわらかい絹毛に包まれ尾状になる。日本のものは柱頭が大きく、暗紫色で目立つ。**葉**：葉は長さが20〜50cm前後のものが2〜3枚ある。線形で幅は1cmほどである。縁はざらつく。地下茎は堅く、長く横にはっている。**果実**：種子は緑色の厚い仮種皮に包まれている。花の咲いた翌年の秋に紫褐色に熟する。

**この植物について**：摘花菜、茅花。日当たりのよい土手や堤防などに群生する。茎の節に毛があるのでフシゲチガヤともよばれる。節に毛のないものはケナシチガヤという。チガヤ属はサトウキビ属に近く、春先の花序が葉鞘内にあるときには甘味があり、ツバナ（別名チバナ）として食べられる。漢方では根茎を白茅根として清熱・止渇・止血・利尿の効能があり、口渇、喘息、鼻血、吐血、膀胱炎に用いる。（高橋京子）

学内での分布：G-4、J-5 他

## カモガヤ　*Dactylis glomerata* ／ orchardgrass, cocksfoot

**大きさ**：約1mの多年草。**分布、原産地**：北海道〜九州。牧草として栽培され、野生化。ヨーロッパが原産地。**花**：花期は7〜8月。緑色の円錐花序の花をつける。**葉**：幅8〜20cmの線形で、上端は短く鋭頭になっている。**果実**：長さ7〜8mmの小穂を密集してつける。
**この植物について**：鴨茅。ヨーロッパから明治初期に牧草として導入された繁殖力の強い植物である。円錐形の特徴的な花穂を持つため比較的覚えやすい。土地造成後の表面保護や緑化、果樹園やゴルフ場で下草としても利用されているが、イネ科植物の花粉症のアレルゲンとして名が知られている。5月から7月ごろにかけて花粉が飛散する。花粉は単純な球形で大きさは0.035mm前後。（栗原佐智子）　　学内での分布：各所

## コバンソウ　*Briza maxima* ／ bigquaking grass, nodding isabel

**大きさ**：30～60cmの1年草。**分布、原産地**：ヨーロッパが原産地。日本各地に分布。**花**：花期は7～9月。茎頂に細い糸状の花柄の先に数個の小穂をつける。小穂の一番下の2枚は苞穎（ほうえい）で、苞穎の上に護穎に囲まれた花弁のない小花がある。護穎を開けると中に3本の雄しべと1本の雌しべが現れる。**葉**：幅3～8mm、線形または線状披針形で、基部は葉鞘である。**果実**：独特な卵状楕円形の小穂が垂れ、最初は淡緑色で後に黄褐色になる。
**この植物について**：小判草。その名のとおり小判の形に良く似た小穂をつけるイネ科の草本である。別名タワラムギともいう。地中海沿岸原産の帰化種で、明治時代に観賞用として持ち込まれたが、逸出して路傍や荒れ地に野生化している。小穂の形が独特なのでよくドライフラワーとして利用される。同属のヒメコバンソウもヨーロッパ原産で日本各地に帰化しているが、本種より小穂がずっと小形で多数つく。（齊藤修）

学内での分布：各所

参考：ヒメコバンソウ

イネ科　春

## スズメノカタビラ  *Poa annua* ／ annual bluegrass

**大きさ**：10〜30cmの1年草、または多年草。**分布、原産地**：日本、世界各地に分布。**花**：花期は3〜11月。花序は円錐状で広卵形。淡緑色の小穂を多数つける。小穂は長さ3〜5mmの卵形で、3〜5個の小花がある。第二苞穎は内側に曲がり、小穂の先が紫色を帯びることが多い。**葉**：長さ4〜10cm、幅1.5〜3mm。線形で無毛。柔かい。**果実**：穎果で種子は平たい卵形である。

**この植物について**：雀帷子。雀とは小さいものを意味し、帷子（かたびら）とは夏用の一重の着物で、小花を包む2枚の葉である護穎（ごえい）が薄く膜状になるのを雀の着る着物に例えてついた和名。かわいらしい名前にもかかわらず、世界中で見られる強雑草で踏みつけや刈り取りに強いのでゴルフ場など、芝生では嫌われ者。花粉症の原因ともなる。やや背が高いツクシスズメノカタビラというよく似た外来種が同所的に成育していることがあるが、こちらは第二苞穎が外側に反ることなどで見分けられるが雑種もあり判別は難しい。
（栗原佐智子）　　　　　　　　　　　　　学内での分布：各所の草地、路傍。

## モウソウチク　*Phyllostachys pubescens* ／ Moso bamboo

**大きさ**：12mほどの多年性常緑木本。**分布、原産地**：中国原産。江戸時代に渡来し、日本全土に植栽される。**花**：開花は稀。周期的といわれ、国内では発芽から67年目に開花した例がある。枝脇から黄緑色花穂を出し、雌しべは穎の中に隠れており、先端に雄しべが垂れ下がる。**葉**：幅1cm、長さは4～5cmと小型。平行脈があり葉卵長形尖るあるいは葉被針形で互生し、枝先に2～8枚つく。**果実**：細長い穎果。
**この植物について**：孟宗竹。日本の竹林というと、マダケ、モウソウチク、ハチクの3種類が広く分布している。キャンパス内や吹田界隈で目にするのは節が一重のモウソウチクばかり。江戸時代の末期、稲作に向かない酸性土壌のため、農家が副業としてモウソウチクを植えたことから竹林栽培が始まり、のちに千里のタケノコは、京都の山城産と並ぶ極上品として知られるようになったという。一方で地下茎を広げて分布を拡大させ、周辺の雑木林に侵入して枯らしてしまうため、最近では悪者扱いを受けることも少なくない。荒れた竹林内には下草がないために土が流され、浸食が起きる。（齊藤修）
学内での分布：山手の各所、周辺。

## ハルガヤ　*Anthoxanthum odoratum* ／ sweet vernal grass

**大きさ**：20～50cmの1年草または多年草。**分布、原産地**：北海道～九州の草地、北アメリカに分布。ヨーロッパ・シベリアが原産地。**花**：花期は5～7月。円錐状の花序をだし、花を咲かせる。花序はやや穂状をなし、狭披針形。小穂は黄褐色で光沢がある。**葉**：葉は柔らかく、全体に開出毛がある。幅は3～6cm。**果実**：穎果で円柱状、護穎と内穎に包まれる。
**この植物について**：春茅。それほど栄養価が高くないようだが明治初期に牧草として導入された。クマリンを含み、刈り取り後に干草にすると芳香を放つ。英語名に冠されるsweetは、この香りのことらしい。この芳香は万葉の香りと称されるキク科のフジバカマ、桜の葉などにも同様にあり、桜餅の葉の香りをイメージすると良い。花粉の量が多く、春先のアレルギーの原因のひとつになる。（栗原佐智子）　　　　学内での分布：F-4 他

球果

葉裏のX字気孔帯

## サワラ　*Chamaecyparis pisifera* ／ sawara cypress

**大きさ**：30mの常緑高木 **分布、原産地**：日本固有種。本州（岩手県以南）・四国・九州（屋久島まで）に分布。**花**：花期は4月。雌雄同株。雄花は小枝の端につき、長さ2〜3mmの楕円形で紫褐色。雌花は薄茶色で直径3〜5mmの球形。**葉**：先のとがった鱗片状の小さな葉（鱗状葉）が密に十字対生して細い枝を包んでおり、裏表のある細い葉のように見える。**果実**：球果は直径5〜7mmのほぼ球形。10〜11月に成熟すると黄褐色になる。種子は腎形で両側にやや広い翼がある。

**この植物について**：椹。ヒノキに比べてさわらか（さっぱりやわらか）の意が名前の由来とされる日本固有種。樹皮は剥がれやすい。ヒノキの材は建材としてとても評価が高く、ヒノキを使った法隆寺が実証しているように、耐朽性があり腐りにくいのが特徴なのに対し、サワラはやわらかで建材には向かないものの、湿気に強いので桶や船に使われてきた。また、寿司屋のガラスケースで見かける葉はサワラの葉で、抗酸化物質を含むため生鮮食品の保存に役立つ。サワラは葉裏にXの白い模様（気孔帯）があるのに対し、ヒノキにはYに見える模様があることで見分けられる。（齊藤・栗原）

学内での分布：F-4

松枯れ

開花間近の雄花

## アカマツ　*Pinus densiflora* ／ Japanese red pine

**大きさ**：20m以上の針葉高木。**分布、原産地**：北海道（南部）・本州・四国・九州（屋久島まで）、朝鮮・中国東北に分布。**花**：花期は4～5月。雄雌同株。新枝の先に少数の雄花が、下部に長さ5～6mmの円柱状の雄花穂が多数つく。**葉**：長さ8～12cmの針状で、2本ずつつく。**果実**：長さ3～6mmの卵状円錐形。種子に長さ1cmほどの翼がある。

この植物について：赤松。山地から平地にかけてやや乾いた比較的日当たりのよりところに生育する二葉の針葉高木。名前の由来は樹皮が赤茶色であることから。1970年代からマツノザイセンチュウによる集団枯死が全国的に進んだ。キャンパス内にも枯死木がみられる。材はナラ類よりも火力が強いため、薪炭としてもよく利用された。現在でも陶磁器の焼き釜ではアカマツの薪が用いられることが多い。（齊藤修）

学内での分布：F-5 他

ツクシ

## スギナ（ツクシ） *Equisetum arvense* ／ field horsetail

**大きさ**：20〜40cmの多年生シダ植物。**分布、原産地**：日本各地に分布。
**花**：3〜5月にツクシという先が筆のようになった薄茶色の胞子茎を出す。
**葉**：栄養茎では、細い緑の葉のような茎が下から輪生状に段々になってつく。実際の葉は退化して節の部分に鞘状になっている。**果実**：なし。
**この植物について**：杉菜。「ツクシは誰の子スギナの子」という言い回しはいまや死語かもしれないが、春を告げる植物の代表であるツクシ（土筆）はスギナの胞子茎で、食用となる。ツクシが枯れる頃スギナが芽を出し、30cmから40cmほどに伸びる。スギナという名は栄養茎の姿が針葉樹のスギの葉に似ているから。地下茎と胞子で増える。ツクシは軽くゆでてあく抜きしてから、和え物、汁の実、煮物などにして食べる。（齊藤修）

学内での分布：日当たりの良い草地

トクサ科　春

# 植物の形の決まり方

松永　幸大

## 花器官の位置は決まっている－花の共通メカニズム－

　花を見ると必ず、外側から内側に向かって、器官が規則正しく並んでいることに気づく。花器官が配置された同心円状の仮想的領域はwhorlと呼ばれている。一番外側のwhorl 1にはがく片、whorl 2には花弁（花びら）、whorl 3には雄蕊（おしべ）、whorl 4には雌蕊（めしべ）が形成される法則がある。この法則を生み出しているのは、ABCの3クラスに分類されるホメオティック遺伝子群である。この遺伝子群が極初期の花蕾である花芽原基で働くことによって、各whorlに形成される器官が決定される。つまり、クラスA遺伝子だけが働くとガク片が、クラスAとB遺伝子が働くと花弁が、BとC遺伝子が働くと雄蕊が、C遺伝子だけが働くと雌蕊が形成されるのである。この花器官決定の仕組みはABCモデルと呼ばれ、被子植物の花で保存されている。多種多様な形になる花も共通の法則に基づいて形作りがなされるのである。

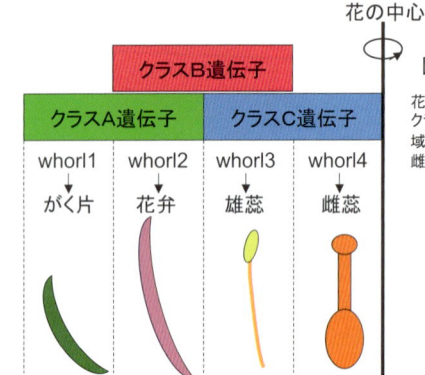

**図　花器官形成のABCモデル**
花の中心を回転して形成される同心円は、クラスA, B, Cの遺伝子が影響を及ぼす領域を示す。外側から、がく片、花弁、雄蕊、雌蕊が形成された放射相称の花になる。

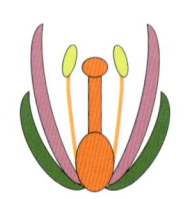

## 蜂そっくりの花を付けるラン

　花の器官を決める遺伝子群が機能しても、最終的に放射相称にならない花もある。典型的な例はランの花である。サギソウやネジバナのような身近なランの花を見ても分かるように、上下非対称であり、独立した雄蕊や雌蕊をもたない。その代わりに、花の中央やや上側に雄蕊と雌蕊が一体化した蕊柱がある。蕊柱は粘着物質を分泌している部分を持ち、密を吸いに来た昆虫に花粉塊をなすりつける仕組みを発達させている。さらに、花粉

を運んでもらう送粉者の昆虫にアピールするため、様々な形や色をした蕊柱や花被片（ガク片と花弁の相称）をつける種類が多い。ヨーロッパの地生ラン・オフリスは雌蜂の体形や色にそっくりの花をつける。雌蜂の腹色や光沢に似た花被片には、足や触覚を真似た毛を付けているので、雄蜂は騙されて交尾をしようとオフリスの花に飛びつく。なかなか動かない相手と格闘した結果、オフリスの花粉塊を体に付けた雄蜂は飛び立ち、また別のオフリスの花に飛びつく。これにより、オフリスは遠方の別個体と交配を成功させることができるのである。さらに、相手にする蜂の種類に合わせて、花の色や形が微妙に異なるオフリスが40〜50種類存在する。昆虫も花の形作りに影響を与えているのである。

## アサガオは重力を感知してよじ登る

　初夏の早朝に美しい花を咲かせるアサガオは、夏休みの自由研究課題として馴染みの植物である。アサガオの茎はツルになってよじ登っていく様子は日本の軒先の風物詩でもある。アサガオの茎の先端は常に首を振るように運動しており、何かに接触する刺激によって巻きつくようになる。このツルの首振り運動はツル植物一般に見られ、回旋運動と呼ばれる。1880年、進化論で有名なチャールズ・ダーウィンとその息子フランシス・ダーウィンはツル植物がよじ登るには回旋運動と重力を感知して上に伸びる重力屈性が重要であることを報告した。しかし、その証拠や仕組みは謎のままであった。そのダーウィン父子の残した宿題が125年後の2005年に、東北大学の北澤、宮沢、高橋らの研究グループでアサガオを使った実験により解明された。日本に古くから伝わるアサガオの突然変異体である枝垂れアサガオは重力屈性と回旋運動を示さないため、支柱に巻き付くことが出来ず、枝を垂れた状態になる。これは重力感知に必要な重力感受細胞が正常に分化しないことに由来する。この細胞分化にはアラビドプシスを用いた突然変異体解析からSCARECROW（SCR）タンパク質が必要であることが知られていた。枝垂れアサガオのSCRタンパク質を解析すると、アミノ酸が1個挿入されて異常なタンパク質になっており、それが原因で重力感知細胞が正常に分化できないことが判明した。重力感知細胞こそがアサガオを上へよじ登らせる回旋運動に必須であることがわかったのである。

　自由に移動できない植物は、動物と違い様々な仕組みを発達させて形作りを行っている。昆虫に擬態した花を付けたり、重力を感知して形作りに利用することに、植物の巧みな生存戦略を垣間見ることができる。

（参考文献）
松永幸大（2000）高等植物の性決定機構　蛋白質核酸酵素　45（10）：1704-1712
塚谷裕一（2001）蘭への招待　集英社新書
ダーウィン・著 渡辺仁・訳（1991）よじのぼり植物 −その運動と習性− 森北出版
Kitazawa D. et al. (2005) Shoot circumnutation and winding movements require gravisensing cells. Proc. Natl. Acad. Sci. USA 102: 18742-18747

# 薬になる植物

米田　該典

**植物の分類ことはじめ**　植物の種の総数がいくらになるかは、判らない。形状の似たもの同士をまとめて種、属、科、綱と分類単位を設定するという試みを行ったのが、17世紀の植物学者達である。世界には民族、言語が様々ある中で、分類学上での共通語にラテン語を取り入れ、最低単位として属名と種名だけの設定をしたのが有名なリンネである。その時のリンネの区分は、のちの学者が異なった分類基準に基づいて相次いで学名を発表した。ただ形態、性状などの外観からの情報が基本となっている。様々な学問進歩につれて情報が増えてきて、幾度も分類は見直されて、現在も見直しは続いている。

人間が植物に関心を持った一番はじめは、衣食住の素材として利用することである。人々が集まって集団生活を始めると身の回りから薬用になる種を見つけ出し、より快適な生活を作り出した。さらに集団が大きくなり、交流域が拡がると新たな病気が増え、新たな薬のことや使い方など薬の知識を交換して情報を増やす。そんな薬を作り出す植物もできることなら手元に置いておきたいということで収集が始まった。これが植物園である。常に効果のある物を得るためには、薬用植物のことをよく知り、似てはいるが非なる物との違いを知る必要から生まれたのが植物分類学である。植物園や植物分類学は薬用植物園から始まったと言える。

では地球上に薬用植物と言われるのはどれくらいあるのだろう？　顕花植物、陰花植物など、いわゆる高等植物で25万種とも40万種とも言われる。この違いは上記のように、学者の見解の違いによる。そのうち薬用になるのは4～5万種、10%にあたる。

日本国内では5000種ほどの高等植物があり、薬用になるのは400種ほどである。しかし、薬用にはなるけれども、実際に薬になるのはそのうち120～130種くらいである。

もし皆さんが植物の通になろうとすると日本国内の2000種も知っていれば十分である。ただし、最近は園芸用などで、見たこともなかった植物がたくさん輸入されたり、種苗を導入して、生産供給されており、その数は増える一方である。

薬用植物はそれぞれの風土の中で多くの民族がそれぞれの病気に対応した植物を使っている。ある処では、ある種の植物を薬用としたが、別の処では同種にも関わらず全く顧みないこともある。風土の違いと薬効成分に違いがあることもある。たとえば、日本にアマチャヅルと呼ばれ、葉や茎を噛めば甘い植物があるが、他の多くの地域ではむしろ苦みを感じ、名のように甘くはない。

薬用植物のことは、なお、多くのことが判っていない。というより判っていることのほうがまだまだ少ないのである。

　**香辛料としての利用**　身の回りに薬と類似の使い方をしている物が、たくさんある。まずは香辛料に代表される食品である。
　トウガラシ、コショウ、チョウジ（クローブのこと）、シナモン（桂皮）、ショウガ、ネギ、ニラ、ニンニク、シソ、ローレル（月桂樹の葉）、タイム、サンショウ　等々。

ショウガ

ニンニク

　これらは同時に薬用種でもある。欧米では食用に限らず全てこれらを乾燥して使用する。そうすることによって香りや辛みが強くなるからである。日本では薬用とするときは、全て乾燥させて使うが、香辛料としては生鮮品で使うことが多い。ショウガ、シソ、ネギ、ニンニク、ワサビ等は日常でも使うことが多い。生の植物と乾燥品とでは、同じ重量でも薬としての効果は1：4〜1：10である。総じて日本人は香辛料に弱いといえる。生では一時に食べる量も少なくなり、過食することが少ない。
　薬用植物は各地の神社の祭礼やお寺の仏事に使われる。元旦の朝、京の行事に八坂神社のオケラ参りがある。これは日本の山野に生えているオケラの根を乾燥させた生薬を火に燻べる。早朝にお参りした人々は香炉のそばに立って、健康を祈願し、その火を火縄に移して持ち帰り、元朝の雑煮を焚いて一年の無病息災を祈るという行事である。オケラは漢方では重要な利水薬（利尿も含めて）であり、冬の寒さで縮こまった身体に、まして塩漬けの保存食品を食べ続けていると身体はいつの間にか余分の水が溜まっていて、そんな水を排出するのがオケラの効果である。さらに燻煙は少量で効果を発揮する。

青シソ　　　　　　ワサビ

　お寺に参ると、何となく気分が落ち着く。寺院にはいつも特異な共通した香りが立ちこめ、多くの寺院では線香や抹香が焚きしめられている。これらのお香の中には鎮静効果を持った香料が多く配合されているからである。仏教が伝わってきたときから、香料はいっしょに主として中国や東南アジア各地から輸入された。もっとも古い資料として正倉院（開設756年）の薬や香材が今も残っている。それらを調査して多くのことが判った。正倉院に蘭奢待（らんじゃたい）という香木があることがよく知られるが、今でも実にふくよかな香りがする。正倉院の調査時に不思議だったのは、多くの香のほとんどは現在では香りを失っていたり、少なくなっているが、蘭奢待は当初のままの香りを今に伝えていた。この原因は、蘭奢待は、沈香や伽羅の一種で、沈香などの香木は香りを保存するシステムが全く他の香とは違っていたからである。

　香木はこのように、科学の進んだ今でも、まだまだ十分理解されいていない薬用植物の一分野である。

夏

犬飼池より先端科学イノベーションセンターを眺む

## アメリカタカサブロウ　*Eclipta alba*／false daisy

**大きさ**：20〜50cmの1年草。**分布、原産地**：関東以南、西日本に広く分布。**花**：花期は8〜10月。頭花は幅約5mmほど。白色の舌状花はほぼ2列。筒状花も白色で先が4裂する。**葉**：下部はやや横にはい、上部は斜上する。葉は対生で葉の先は尖っている。基部はしだいに細くなる。葉柄はなく葉の縁には明瞭な鋸葉がある**果実**：そう果は熟すと黒褐色になる。三角柱形で平たい4稜形。先端に1〜3個の歯がある。側面にこぶ状の隆起があり、周りには翼はない。幅1.9mm、長さ2.4mm。

**この植物について**：亜米利加高三郎。1981年に確認された比較的新しい帰化植物であり、先に帰化したタカサブロウが日本で広く分布するのに対し、関東以西で多く見られる。白くて小さなヒマワリのようで痩果の付き方も似ている。また、タカサブロウとの大きな違いは、そう果に翼（平たい部分）がないこと。「タカサブロウ」という名の由来ははっきりしないようだが、高三郎という人が貧しくてこの草の茎の黒くなる切り口を筆記用具に使ったらしいという話もある。（栗原佐智子）　　学内での分布：I-4

114　夏　キク科

| 茎の断面 | 舌状花 | 筒状花 |

## ヒメジョオン　*Erigeron annuus* ／ eastern daisy fleabane, annual fleabane

**大きさ**：30〜150cmの1年草、または越年草。**分布、原産地**：日本各地に分布。北アメリカが原産地。**花**：花期は6〜10月。頭花は径2cmほどで総苞は皿状。片は2〜3列で細く尖っている。縁には淡紫色の舌状花がある。
**葉**：根出葉は長柄があって卵形。大きな鋸歯があり、花時には枯れる。茎歯は卵形から倒披針形でまばらに鋸歯があり、先は尖り、薄く、縁に毛がある。**果実**：そう果は長楕円形で長さは0.8mmほど。
**この植物について**：姫女苑。シオン属やムカシヨモギ属と近縁で性状は類似して、判別に迷うこともあるが、果実の冠毛の長短、茎の髄の有無で区別される。学内では開花時期にずれがあることで容易に区別される。若芽は茹でたりして食用にすることができる。**参考**：よく似たハルジオン（p.3）は茎が中空である。（米田・栗原）　　学内での分布：各所

キク科　夏

頭花

## オオキンケイギク *Coreopsis lanceolata* / lance coreopsis

**大きさ**：30〜70cmの多年草。**分布、原産地**：北アメリカ原産。日本各地で栽培、野生化。**花**：花期は6〜7月。花茎の先に5〜7cmの黄色の頭花をつける。7〜8枚の鮮黄色の舌状花が中心の筒状花をとりかこむ。**葉**：根生葉は長い柄があり、全縁で線形、披針形、あるいは3〜5裂してわずかに毛がある。対生。**果実**：そう果は扁平で翼がある。暗褐色。
**この植物について**：大金鶏菊。大きなキンケイギク（金鶏菊）という名前でキンケイギクとは区別される。名前の由来は花の色を金鶏に見立てた説と、金色の花の形を鶏のトサカに見立てた説の2つがある。北アメリカ原産の帰化植物で繁殖力がとても強く野生化が進んでおり、現在は特定外来生物に指定されている。**参考**：海外起源で生態系、人の生命・身体、農林水産業へ被害を及ぼすものとして栽培や保管の注意、必要に応じて防除が必要な外来生物を環境省では特定外来生物として指定し、注意を呼びかけている。（上田サーソン・栗原）　　学内での分布：日当たりの良い草地

## ノボロギク　*Senecio vulgaris* ／ groundsel

**大きさ**：30～40cmの1年草。**分布、原産地**：ヨーロッパ原産、世界中の寒冷地～亜熱帯に分布。**花**：春から夏にかけて多く、一年中開花する。花は筒状花の集合体。1cm程度の黄色い筒状花がほとんどだが、まれに舌状花もつける。**葉**：互生し長倒卵形。不規則に羽状中裂。濃緑色で光沢がある。**果実**：果実はそう果。円柱形で白い冠毛がある。
**この植物について**：野襤褸菊。路傍や畑地の一年生の雑草である。キオン属（*Senecio*）の種は世界中に1500種以上を数えるが、国内には少なく帰化種を数えても13種ほどである。形状はサワギクと近似し、生息地がサワギクは山地に生えるが、ノボロギクは開けた野に生えるのを特徴としている。サワギクは冠毛がぼろ屑のように見えることからボロギクとも呼ばれるが、その野原の種と言う意味でノボロギクと呼ぶ。同属の外国種の中には強い生理作用を現す化学成分が含まれることもあって、薬用にされる。ノボロギクもサワギクには見られない成分があり、区別しておいた方がよい。帰化種であり外国で食用にするからというだけで、利用するのは考えたい。（米田該典）　　学内での分布：各所の路傍

キク科　夏

### ベニバナボロギク  *Crassocephalum crepidioides* ／ redflower ragleaf

**大きさ**：30〜80cmの1年草。**分布、原産地**：アフリカ原産。温帯から熱帯にかけて分布。**花**：花期は7〜10月。朱赤色の筒状花からなる頭花が枝先に総状につき、下垂して咲く。花冠の上部はレンガ色、下部は白色。**葉**：互生し長さ10〜20cmの倒卵状楕円形。濃緑色。両面に寝た毛がまばらにあり、下方のものは不規則な羽状に分裂する。**果実**：白い冠毛をもったそう果。

**この植物について**：紅花襤褸菊。戦後まもなく九州で発見された外来種。うなだれたように咲く花は、一見地味であるがレンガ色の筒状花の集合体である頭花は異国を感じさせ、原産地の気候を思わせるような鮮やかさがある。葉や茎は食用にすることができ、春菊のような味わいだという。学内では工事が盛んなため、同じ場所での生息が確認できなかったが、場所により旺盛に繁殖している。花が終わり種子になる頃には冠毛が白く目立ち、襤褸をまとっているようなのでボロギク。（栗原佐智子）

学内での分布：F-4、I-3

## キキョウソウ  *Specularia perfoliata* ／ clasping Venus' looking glass

**大きさ**：30〜80cmの1年草。**分布、原産地**：北アメリカ原産。**花**：花期は5〜6月。正常花は青紫色で花冠の直径は12〜20mm。**葉**：互生し、円形または卵形で小さく、茎を抱く。**果実**：さく果は円筒形で、中央に3つの窓のような穴があき、先にガク裂片が残存する。長径0.5mmほどの褐色の種子はこの穴からこぼれる。

**この植物について**：桔梗草。葉や花のつき方から段々桔梗ともいう。5月くらいまでスミレと同じく閉鎖花（開花せず自家受粉する花）を付けるが、6月くらいから正常花を開花するという子孫の残し方をする。この順序はスミレと逆。種小名の*perfoliata*は「貫通した葉の」という意味であり茎を抱くようにつく円形の葉を指す。
**参考**：花が良く似た同科、同属のヒナキキョウソウの方が学内では増えてきている。花は茎頂に一つずつ開花し、花冠の裂片はキキョウソウより細い点で見分けられる。（栗原佐智子）

学内での分布：1-3

参考:ヒナキキョウソウ

キキョウ科 夏

雄花

## キカラスウリ　*Trichosanthes kirilowii*

**大きさ**：多年生つる植物。**分布、原産地**：北海道（奥尻島）・本州・四国・九州・奄美大島に分布。**花**：花期は7〜9月。花弁は5個で先はレース状のやや黄みを帯びた白い花をつける。夕方から開花し、日の出後もしばらく咲いている。雌雄異株。花冠の直径は10cmほど。**葉**：幅は6〜15cm、円心形で3〜5中裂し、互生。表面に毛が少なくつやがある。**果実**：液果は直径10cm程で大型。球形〜卵円形で黄色に熟す。種子は淡黒褐色。
**この植物について**：カラスウリに似るが、果実の色が黄色であることから区別できる。果実より種子を採りだし、水洗後、日干しにして乾燥したものは生薬（栝楼仁(カロニン)）として利用される。地下部の太い塊茎には、大量のデンプンを蓄えている。デンプンは天花粉(てんかふん)としてあせも、ただれに外用する。水洗した塊根の外側の皮を除いて輪切りして乾燥させたものを栝楼根(カロコン)とよび生薬として用いる。栝楼仁、栝楼根を煎服すれば、解熱・せき止め・利尿・催乳に効用があるとされている。**参考**：よく似たカラスウリは日没後に開花、夜明け前にしぼむ。花弁先端の糸状に分かれた部分はカラスウリの方が長くて繊細である。葉の表面は毛が多く、ふんわりしており、触るとざらざらしている。キカラスウリより緑色が薄い。（福井・栗原）

学内での分布：F-4、L-5

120　夏　ウリ科

参考：カラスウリ

ヤエクチナシ

## クチナシ *Gardenia jasminoides* / cape jasmine, common gardenia

**大きさ**：1.5〜3mの常緑低木。**分布、原産地**：本州（静岡県以西）・四国・九州・琉球、台湾・中国大陸中南部・インドシナに分布。**花**：花期は6〜7月、枝先の葉脈に芳香のある白い花が1個ずつつく。**葉**：対生し、長さ4.5〜17cmの長楕円形で革質。縁は全縁で表面は光沢がある。**果実**：長さ約2cmの楕円形。11〜12月、黄赤色に熟す。なかに小さな種子が多数ある。

**この植物について**：梔子。庭木や公園木として植栽される種と思われているかもしれないが、日本に自生する落葉低木である。枝先に学名のとおりジャスミンのような上品な芳香のある白色の花をつける。果実は冬に橙色に熟すが、果実が裂開しない、つまり口が無いことからその名がついたという説がある。果実からは黄色の染料が採れる。キャンパス内にはクチナシより花が大きく、八重咲きのヤエクチナシが附属図書館吹田分館脇に植えられている。（齊藤修）　　　　　　　　　　　学内での分布：K-4

アカネ科　夏

果実

## ヘクソカズラ（ヤイトバナ） *Paederia scandens*

**大きさ**：つる性多年草。**分布、原産地**：アジア東部に分布。日本では林の縁、路傍、山野などいたる所で生育。**花**：花期は8〜9月頃。葉腋から短い花序を出して、長さ約1cm程度の花を5、6個咲かせる。花は筒状で、外側は灰白色、内側は紅紫色で毛が多く生えている。**葉**：楕円形で先は尖り、基部は心形。葉柄の基部には葉柄間托葉とよばれる三角形の鱗片様のものがある。対生。両面に毛がある。**果実**：秋に結実する。果実は核果で、黄褐色に熟す。

**この植物について**：屁糞葛、灸花。山野に多く、茎の上部は1年で枯死するが地下部は残り、径は1cmほどにも成長する。花は特徴的で、近似するものはない。また、全草に特異な悪臭と呼べるほどの異臭があり、この和名がつけられたが、他種と混雑することはない。別に早乙女葛の名を持つ。全草の悪臭からはそれがいかなる理由によるかは不詳であるが、地域によっては観賞用に栽培することも行われるようであることから、香りに対する感覚違いなのか、どうかはわからない。（米田談典）

学内での分布：日当たりの良い学内各所にからむ

花穂

## キツネノマゴ　*Justicia procumbens*

**大きさ**：10〜40cmの1年草。**分布、原産地**：本州〜九州、朝鮮・中国（中南部）・インドシナ・マレーシア・インド・セイロンに分布。**花**：花期は8〜10月。枝先に円錐形または短い円筒形の穂状花序をつくる。花冠は白色で下唇内面は淡紅紫色。**葉**：卵形で長さ2〜4cm、幅1〜2cm。茎に対生。**果実**：さく果は長さ6mm、幅1.5mm。種子は卵円形。
**この植物について**：狐の孫。茎が四角く、花は唇形で一見シソ科かゴマノハグサ科に似ているが種子がはじけ飛ぶのがこの科の特徴。キツネノマゴという名の由来には、花穂がキツネの尾に似るからとのことだがマゴには諸説があり定かではない。ピンク色の花はかわいらしいが一度に2つくらいしか花が咲かないので地味な花である。メグズリバナとの別名もあり、民間では薬用にされることもある。（栗原佐智子）

学内での分布：I-5

花穂はキツネの尾に似る

キツネノマゴ科　夏

## ワルナスビ　*Solanum carolinense* ／ horse nettle, apple-of-sodom

**大きさ**：30〜100cmの多年草。**分布、原産地**：北アメリカ原産。牧草地や荒れ地、道ばたなどで生育。**花**：花期は6〜10月。淡紫色または白色の2〜3cmの花が4〜10個、節の間から出た枝の先につく。**葉**：長楕円形で互生し、波状の大きな鋸歯がある。葉の両面には柔らかな毛が密生し中央脈上にはまばらに棘がある。**果実**：直径1.5cmほどの果実は球形で、熟すと橙黄色になる。

**この植物について**：悪茄子。ワルナスビは茎に鋭い棘があること、地下に根をはって繁殖するので駆除に困ることから、害草とされている。北アメリカ原産で牧草の種子に混ざって輸入された植物である。花や葉の形からナスの仲間であることは容易に分かる。花は可憐であるが鋭い棘を持つので注意する必要がある。（西川聡）　　　　　学内での分布：K-5 他

ブドウのようなつぼみ　　波頭のような花穂

## タツナミソウ　*Scutellaria indica* ／ Japanese skullcap

**大きさ**：20〜40cmの多年草。**分布、原産地**：本州から九州、それに朝鮮半島から中国・台湾、インドシナに分布。**花**：花期は5〜6月。茎の先に5cm程度の花序を出して、一方向にかたよって花を咲かせる。花は、紅紫色〜青紫色。長さは2cmほどの唇形花。**葉**：対生し、広卵形で両面に軟毛、鈍い鋸歯がある。長さも幅も1cm〜2.5cm程度。**果実**：4分果、黒色。

**この植物について**：立浪草。路傍や明るい草地に生育するが、園芸種もあり、植栽されたものが逸脱した可能性がある。タツナミとは波頭をイメージしたことから付いた和名らしいが葛飾北斎の浮世絵、「波裏富士」を思い浮かべると、唇形花の花穂の様子が立ち上がる波のように見えてくる。この植物はスミレやキキョウソウのように、開かない花、閉鎖花をつける特徴がある。タツナミソウの場合の閉鎖花は秋に付く。園芸種の花には白、ピンクもある。（栗原佐智子）　　　　　　　　　　学内での分布：G-4

シソ科　夏　125

果実

## クサギ　*Clerodendrum trichotomum* ／ harlequin glorybower

**大きさ**：3〜5mで時に9mになる落葉低木。**分布、原産地**：北海道・本州・四国・九州・琉球、台湾・中国大陸・朝鮮に分布。**花**：花期は8〜9月。枝先の葉腋から長い柄のある白い花からなる散房花序を付ける。花冠は筒部が細長く、長さ2〜2.5cm先端は5裂し、径は2〜3cm。**葉**：対生で向き合う葉の一枚は大きく、もう一枚はやや小型となる。長さ8〜15cmの広卵形で先端は鋭くとがり、基部は円く、短い毛を密生させ、特有の臭気がある。**果実**：赤紫色のガクが花弁のようであり、青紫色の果実と一体となっている。大きさは6〜7mm、球形で光沢がある。

**この植物について**：臭木。果実は青紫色で丸く、やや開いた赤いガクの中にあって、美しく、特徴的であるため果期には間違うことはない。その他の時も葉の臭気で容易に判別できる。青い果実はかつては青色顔料として利用されたことがあるようだ。青色の天然色素は少なく、特に保存性に優れた色料はほとんどない。クサギの青色も保存性はよくない。ちなみに現在はくちなしの果実から得たジェニピンなどを青色色素原料として利用している。(米田該典)

学内での分布：K-6

## クマツヅラ　*Verbena officinalis* ／ herb of the cross, vervain

**大きさ**：30～80cmの多年草。**分布、原産地**：本州～琉球、アジア・ヨーロッパ・アフリカ北部に分布。**花**：花期は6～9月。穂状花序に淡紅紫色で径4mm程度の花を多数つける。**葉**：羽状に中～深裂し、長さ3～10cm、幅2～5cm。対生。**果実**：4分果にわかれる。分果は長さ約1.5mm。
**この植物について**：茎は四角形。葉や茎にざらざらした毛がある。漢方では馬鞭草（バベンソウ）といい、古くからはれ物などの薬に用いられた。また園芸店で見かけるバーベナやランタナなどのクマツヅラ科の植物は、全て本種に花のつくりが良く似ている。薬学部周辺の道路脇にしか見ることができないので、薬学部の植物園から逸脱したものではないかと思われる。（山東智紀）　　　　　　　　　　　　　　学内での分布：J-8

## コヒルガオ　*Calystegia hederacea* ／ Japanese false bindweed

**大きさ**：つる性多年草。**分布、原産地**：北海道〜九州・沖縄、東南アジアに分布。**花**：花期は6〜8月。花冠は淡紅色。花柄は長さ2〜5cm。**葉**：葉身は4〜7cm。2〜5cmの葉柄があり、3角状ほこ形。互生。**果実**：普通は結実しない。

**この植物について**：小昼顔。名のとおりヒルガオに較べて全体としてやや小型で、花も4cm以下と小さく、意識して栽培はしない。しかし、雑草として各所に広がり、都市内にも広く見られる。原産地は不詳であって、国内の株も帰化か自生かは不明である。かつては線路や道路脇に見られたが、今では開けた乾燥地に生育を広げている。若芽を野菜として食用にする。民間薬として利用する向きもあるようだが、効果は不明である。**参考**：花柄にヒルガオにはないヒレ状の狭い翼がある。また、ヒルガオは苞葉の先が尖らない。（米田・栗原）　　　　　　　　　　学内での分布：F-3、I-3

## ヒルガオ　*Calystegia japonica* ／ Japanese bindweed

**大きさ**：つる性の多年草。**分布、原産地**：北海道〜九州、朝鮮・中国に分布。**花**：花期は6月〜8月。花冠は浅く5裂し、昼咲いて、夕方にはしぼむ。葉腋に直径5〜6cmの淡紅色、漏斗形の花を単生する。小さなガクと花筒を挟み込むように長さ2cm程度の卵形をした苞葉が2個つく。**葉**：互生。ほこ形〜矢じり型で、長さは5〜10cm程度。基部の両側に耳状に尖る。**果実**：自家不和合性で結実することはまれで、朝顔に似た果実をつける。主に地下茎で増える。

**この植物について**：昼顔。人里に近いところに多く、日本を含め東アジアの各地で見ることができる。アサガオに似た花を昼間に開くことから名づけられた。地下には肉質の根茎があり、それから細い茎を伸ばして他物に巻きついて成長する。若芽は食用にする。コヒルガオに比し、花が大きく容易に区別できる。（米田該典）　　　　　　　　学内での分布：H-4

クズの葉の中のマルバアメリカアサガオ

## マルバアメリカアサガオ *Ipomoea hederacea* var. *integriuscula* / ivy-leaved morning-glory

**大きさ**：1〜2mのつる性の1年草。**分布、原産地**：熱帯アメリカ原産で日本各地に定着。**花**：花期は9〜10月。漏斗状、花冠の直径3〜4cm。日中も開花している。ごく薄い青のほか赤紫など。**葉**：翼片がやや深く切れ込み、翼片の中程がくびれる独特の葉型を種小名と同じヘデラセア葉とよぶ。葉の形には変異が大きく、丸葉もある。長径は10cm程度、有毛でつやがなく葉脈がくぼむ。**果実**：アサガオに似たさく果は上を向き扁球形、肉の厚いガクに包まれる。

**この植物について**：丸葉亜米利加朝顔。草むらの中の花を物色しているとき、クズの葉の間から空を映したような青い花が見つかった。中間雑種を学んだマルバアサガオに初めて出会った！と思いきや、果実が垂れ下がらない、がく片が反り返っている点で調べなおしとなった。アサガオに最も近縁なアメリカアサガオの丸葉型であった。日本には明治時代に導入されたが、戦後穀物援助の種子の分配とともに分布が拡大したらしい。（栗原佐智子）

学内での分布：I-4

夏　ヒルガオ科

果実

# ガガイモ *Metaplexis japonica* / rough potato

**大きさ**：つる性多年草。**分布、原産地**：南千島から北海道～九州、朝鮮・中国に分布。**花**：花期は8月頃。葉脈から出た柄の先に短い総状花序をつくって淡紫色の花をつける。**葉**：対生、長卵状心形で長さ5～10cm、幅3～6cm。**果実**：袋果は長さ8～10cm、秋に熟す。幅2cm程度。種子は扁平な楕円形で狭い翼がある。

**この植物について**：蘿摩、鏡芋。名の由来には諸説があり定かでない。出雲神話のオオクニヌシノミコトと共に国造りをした小さな神、スクナビコナノミコトはガガイモの実のさやを半分にした船に乗って登場する。果実の中には綿毛のついた種子がたくさんつまっており、白くて細い絹糸のような毛は朱肉の繊維に利用されていた。切ると白い乳液が出る。個体数は多いものの草刈が多い学内ではなかなか花が見られず、果実は人手の入らないところでこっそりぶらさがっている。（栗原佐智子）

学内での分布：E-4、J-4、J-6

ガガイモ科　夏

赤花

白花

## キョウチクトウ　*Nerium indicum* ／ oleander, rose laurel

**大きさ**：3～4ｍの常緑小低木。**分布、原産地**：インドが原産地。日本各所で植栽される。**花**：花期は6～9月。枝の先に集散花序を出して直径4～5cmの花を多数つける。淡紅色、白、紅色など。**葉**：普通3枚が輪生。長さ6～20cmの線状披針形で、縁は全縁。**果実**：まれに果実が実る。長さ10～14cmの線形の袋果。種子には褐色の長毛がある。

**この植物について**：夾竹桃。葉が竹に、花が桃に似るところから命名された。尼崎市、鹿児島市の花。広島市の花でもあり、原爆により70年間草木も生えないと言われた焦土にいち早く咲いた花で、市民に復興への希望と光を与えたことに因む。日本には江戸時代中期に中国から渡来する。乾燥や大気汚染に強いところから街路樹や高速道路の植栽に用いられる。挿し木で容易に増殖できる。強毒で心臓発作や下痢、痙攣などを引き起こす。主要薬効成分はオレアンドリンなど心筋に作用してうっ血性心不全に効果を示す強心作用のある配糖体。（福井希一）　　　　学内での分布：J- 8

## コナスビ *Lysimachia japonica* / Japanese yellow loosestrife

**大きさ**：3～5cmの多年草。**分布、原産地**：北海道～琉球、中国（本土・台湾）・インドシナ・マレーシアに分布。**花**：花期は5～6月。葉脈に1花をつける。花冠は黄色で5裂する。**葉**：対生し、広卵形で先は短くとがり、基部は円形。長さ10～25mm。**果実**：さく果は球形で、径4～5mm。種子は稜のある楕円形。黒色で密にこぶ状突起がある。

**この植物について**：小茄子。つる状の茎が20cmほど伸びる。かわいらしい黄色い花を咲かせるが、地面にへばりつくように生えるため、目立ちにくい。「コナスビ」の名は、実が「小さい茄子」に似ているからかと思いきや、ぜんぜん似ていない。しかも、本種はサクラソウ科でナスとは分類学的にも異なる。混乱を招く名前だ。（山東智紀）

学内での分布：F-4 他

樹皮の棘　　　　　　　　　　　葉にも棘がある

## タラノキ　*Aralia elata* ／ Japanese angelica tree, Hercules-club

**大きさ**：3～5mの落葉高木。**分布、原産地**：北海道・本州・四国・九州の低地の二次林、朝鮮・中国（東北）・樺太・東シベリアに分布。**花**：花期は8～9月。円錐状の大型花序で、直径約3mmの小さな白い花を多数開く。**葉**：大形の2回羽状複葉で、幹の上部に集まって互生し、長さ0.5～1m。小葉の形は卵形から楕円形、各羽片は5～9枚、長さ5～12cm、幅2～7cmで先は尖っていて、葉縁は鋸歯状となっている。**果実**：直径約3mmの球形の核果。10～11月に黒く熟す。

**この植物について**：惣木。春の山菜の代表で、天ぷらにしてよく食べるタラの芽はこの木の新芽である。キャンパス内でも日当たりのよい斜面（伐採跡地）に生えている。棘を意味する古語が「タラ」と言ったからなど、和名の由来には諸説あるが定説はないようである。本州では樹皮や葉に鋭い棘があるが、本州から離れた伊豆諸島には棘のない種（シチトウタラノキ）がある。島にはこの種を食べる動物がいないため、棘で身を守る必要がなくなったためらしいが、実際にはよくわかっていない。（齊藤修）

学内での分布：日当たりの良い斜面など

果実の様子

## メマツヨイグサ　*Oenothera biennis* ／ evening primrose

**大きさ**：30〜150cmの越年草。**分布、原産地**：日本各地に分布。北アメリカが原産地。**花**：花期は7〜9月。直径5cm程度のやや小型の黄色い4弁花を咲かせる。**葉**：長楕円形葉の先は尖り、縁に浅い鋸歯がある。**果実**：長楕円形で長さ2.5cmほどの果実ができる。上向きの伏毛が生えている。
**この植物について**：雌待宵草。日没後にレモン色の花を開花させ、午前中にはしぼんでしまうため、きれいに開花している様子を知っている人は少ないかもしれない。似たものにコマツヨイグサがあるが、草丈はせいぜい15cm程度で横に這う。対照的にこちらは草丈が1m以上になる。**参考**：花弁と花弁の間に隙間があり、花弁がハート形であるものをアレチマツヨイグサとして区別することがあるが、メマツヨイグサとの境界は定かでない。(山東・栗原)

　　　　　学内での分布：学内の空き地など

ロゼット葉

参考：コマツヨイグサ

アカバナ科　夏　135

# ヒシ *Trapa japonica* / water caltrops

**大きさ**：1 年生の水草。**分布、原産地**：北海道〜九州、朝鮮・中国に分布。
**花**：花期は 7 〜 10 月。花弁が 4 枚の径が 1 cm の白い花を水上に咲かせる。
**葉**：茎は、湖底から長く伸びて枝分かれし各節から水中根が生じ、水面に放射状に広い菱形の葉を浮かべる。径 3 〜 6 cm、表面につやがあり、膨らんだ葉柄が浮き袋の役目をしている。**果実**：秋に 2 本の鋭い棘を持つ 3 〜 5 cm の果実を付ける。

**この植物について**：菱。三角形の葉を放射状に湖面に広げる。水面に浮遊しているように見えるが、実は池底から長い茎でつながっている。種子は棘があり、昔忍者が使用したという「マキビシ」は、本種の実をまねたもの。（山東智紀）

学内での分布：I-4

ヒシの果実　　マキビシ

果実

## ザクロ *Punica granatum* / pomegranate

**大きさ**：5〜6mの落葉小高木。**分布、原産地**：地中海の東部から北西インドが原産地。栽培される。**花**：花期は6月頃。直径約5cmの朱赤色の花を開く。日本では食用よりも花ザクロが主で八重咲き、白、黄、紅、紅白絞りなど多様。**葉**：長さ2〜5cmの長楕円形で全縁。**果実**：果実期は8〜10月。球形で、果皮は厚く、熟すと不規則に裂け、淡紅色の種子が現れる。

**この植物について**：柘榴。熱帯では常緑で、学内でも落葉しない株が時に見られる。果実は特徴があり、間違うことはないが、大果実には大小さまざまな変異がある。樹形も高木から矮生までさまざまである。果実は甘酸っぱく生食したり、果実酒や清涼飲料の原料とする。根や樹皮は駆虫薬として知られ、果皮は下痢止めとして薬用とされてきた。西方では鬼子母神信仰の献納果実として知られるが、種子が多いことから、子授けや安産、育児の神として知られる。この種の神話はギリシャ神話にもあり、豊穣のシンボルであった。（米田該典）　　　学内での分布：G-4、H-3

### サルスベリ　*Lagerstroemia indica* ／ crape myrtle

**大きさ**：3～9mの落葉小高木。**分布、原産地**：中国南部が原産地。**花**：花期は7～9月。円錐花序に紅紫色または白色の3～4cmで根元が急に細くなるちぢれた6～7枚の花弁の花をつける。**葉**：長さ3～8cmの倒卵状楕円形で全縁。**果実**：さく果は直径約7mmの球形。種子には翼がある。
**この植物について**：猿滑。樹皮がすべすべしている様子が、猿も滑り落ちそうなことからこの名がある。また、花が長期間咲くことを例えて「百日紅」とも書く。枝先に花が房状に咲くが、是非一度1つの花を良く眺めて欲しい。数多くの短い雄しべと、その周りに6本の長い雄しべの2タイプがある。短い雄しべは、蜜の代わりに虫をおびきよせるための食用の花粉をつけ、長い雄しべは、虫の食事中に背中に受粉用の花粉をつけるためのものである。（山東智紀）　　　　　　　　　　学内での分布：G-5、J-5

## ビヨウヤナギ *Hypericum chinense* var. *salicifolium*

**大きさ**：1mの半落葉低木。**分布、原産地**：中国南東部が原産地。各地で植栽される。**花**：花期は6～7月。径5cm、5弁の濃黄色の美しい花を咲かせる。雄しべが花弁より長く多数ある。**葉**：無柄で、長楕円形、長さ7～8cm、幅1～2cmで十字対生する。**果実**：長さ7cmの円錐形である。**この植物について**：未央柳、または美容柳。よく目立つ黄色い花が好まれるのか、古くから庭木として植えられ、公園の植え込みによく用いられる。花弁より長く伸びた雄しべが優雅で、長楕円形の葉の形がヤナギ類のそれに似ているからその名が付いたと思われる。葉は対生するが、上下の葉で角度が約90度違うため、上からみると葉が十字状に付いているように見える（十字対生）。**参考**：半落葉とは年や株によって落葉、または葉をつけたまま冬を越すこと。（齊藤・栗原）　　　　学内での分布：F-4

幹　　　　新芽

## アオギリ　*Firmiana simplex* ／ Chinese parasol tree

**大きさ**：15mほどの落葉高木。**分布、原産地**：本州（伊豆半島・紀伊半島）・四国（愛媛県・高知県）・九州（大隅半島）・琉球・台湾・中国大陸に分布。**花**：花期は6〜7月。枝先に大形の円錐花序を出し、帯黄色の小さな花を多数開く。**葉**：枝先に集まって互生し、長さ15〜25cmの大形の扁円形で、浅く3〜5裂する。**果実**：長さ8〜10cmの袋果で、成熟する前に5裂する。種子は直径約1cmの球状。
**この植物について**：樹皮がなめらかな青緑色で、桐に似た大きな葉をつけることから、青桐と呼ばれる。落葉しても幹の色から簡単に見わけられる。また、実は舟形の翼の縁に種子がつき、風にのってクルクルまわりながら遠くに運ばれる。戦時中は、このアオギリの実を炒って、コーヒーの代用としていたとか。（山東智紀）　　　　　　　　　　学内での分布：G-5

## ムクゲ　*Hibiscus syriacus* ／ shrub althaea

**大きさ**：3〜4mの落葉低木。**分布、原産地**：中国、インド原産で日本各地で庭木などに植栽。**花**：花期は8〜10月。新梢の葉腋に径10cm程度の5枚の花弁からなる花を開花。ガクは5裂。多数の雄しべは単体で、雌しべは花冠より突き出る。花色は豊富で紫、白、赤、ピンク、花底が赤いもの、八重咲きのものなど様々。朝開いて夜にはしぼむ一日花である。**葉**：卵形、有柄で荒い鋸歯がある。先が3裂することが多く長さ4〜9cmで、互生。**果実**：毛のあるさく果で、熟すと5裂する。種子は5mm位の腎形で縁に毛がある。

**この植物について**：槿。平安時代に渡来。1つの花は1日しか開花しないので、「槿花一朝の夢」(きんかいっちょう)(人の世のはかなさ)の例えに用いられ、茶室の生け花に使われる。一方、初夏から秋まで花期は長く、花が次々と開花して絶え無いことから朝鮮語では無窮花(ムグンファ)と呼ばれ、繁栄を意味する花として大韓民国の国花となっている。乾燥に強く、荒れ地にも耐えるので庭木の他、道路側帯などに植栽される。種子もよく稔り、実生から容易に増殖する。樹皮や花を乾燥して、それぞれ抗菌作用により水虫薬に配合される木槿皮(モクキンピ)、および胃腸炎、下痢止め等に用いる木槿皮として利用される。**参考**：単体雄しべとはすべての雄しべの花糸が基部でひとまとまりに繋がっている形状。(福井・栗原)

学内での分布：各所に植栽。

アオイ科　夏　141

燭台のような花　　　　　　果実　　　　　　　　種子

## ヤブガラシ　*Cayratia japonica*

**大きさ**：50〜200cmのつる性多年草。**分布、原産地**：日本全土・中国・東南アジアに分布する。**花**：花期は7〜8月。花序は扁平な集散花序で、4個の花弁をもつ緑色の小花を多数つける。直径約5mm。**葉**：互生し、鳥足状複葉で小葉は5枚。光沢がある。**果実**：球形の液果となり、熟すと赤色から紫黒色になる。通常地下茎で繁茂する。

**この植物について**：学内のどこにでも絡み付いている植物で、地下茎で盛んに繁茂する。藪を枯らしてしまうほどだというので「藪枯らし」。その花は不思議な花である。4枚の緑の花被片に囲まれた、ごく小さな花は、花被片が脱落すると雌しべが長く伸び、花盤はオレンジ色の燭台のようになる。蜜が染み出してつややかに見える。蜜は多くの虫が舐めにやってくる。ブドウ科らしい果実が実るが、通常見かける個体はほとんどが3倍体のため果実がつかない。（栗原佐智子）　　　　　　　　　学内での分布：各所

をつけたトチノキ
果実
葉の様子

# トチノキ　*Aesculus turbinata* ／ Japanese horse chestnut

**大きさ**：20～30mの落葉高木。**分布、原産地**：北海道西南部から九州に分布。**花**：花期は5～6月。枝先に大きな円錐花序をつける。花弁は4で白色、中央部は淡紅色である。**葉**：対生する長い柄につき、5～7枚の小葉からなる掌状複葉。小葉の形は長卵形～倒卵状長楕円形で真中のものが大きく、長さ15～40cm、幅3～15cm程度。葉縁は鋸歯状になっている。**果実**：径4cm程度で倒卵状形。秋に熟す。種子は赤褐色。
**この植物について**：栃の木。5～7枚の小葉に分かれた大きな葉が特徴的。トチノキの実を粉にして、水にさらして渋みを抜いてつくるのが栃餅。栃の実は昔は飢饉の際の食糧源としての役割も果たした。そのため、嫁入り道具としてトチノキの所有権を持たせるという風習のあった地域もあったと聞く。栃の実はクリの実よりもひとまわりくらい大きく、全体に丸みを帯びている。ヨーロッパ産の近縁種であるセイヨウトチノキ（*Aesculus hippocastanum*）はフランス語名のマロニエでよく知られる。（齊藤修）
学内での分布：H-5、I-5、L-5

果実　雌花

## クロガネモチ　*Ilex rotunda*／Kurogane holly

**大きさ**：高さ5～10mの常緑高木。**分布、原産地**：本州（関東地方・福井県以西）・四国・九州・琉球の常緑樹林内、朝鮮南部・台湾・中国大陸中南部・ベトナムに分布。**花**：花期は5～6月。雌雄異株で、花は淡紫色。**葉**：楕円形で両端が尖り、長さ6～10cm、幅2.5～4cm。革質。**果実**：楕円状球形で、長さ6mm。赤熟し、5～6個の三日月型の核を持つ。核の中に1つの種子がある。

**この植物について**：黒金黐。アクラと呼ばれ岡山市の木に指定されている。公園や神社などに植栽され、その立派な姿と赤い実で親しまれている。葉柄や若い枝が紫色を帯びるので黒金、樹皮から鳥黐（鳥を捕るために使用）が取れるのでモチの名がついたという。モチという言葉から、「お金持ち」「子持ち」のような縁起の良い木とされている。（栗原佐智子）

学内での分布：J-2 他

夏　モチノキ科

翼果

# ニワウルシ　*Ailanthus altissima* ／ tree of heaven

**大きさ**：25mの落葉高木。**分布、原産地**：広く栽培され、まれに野生化。中国が原産地。**花**：花期は6月頃。緑白色の花が枝の先につき、円錐花序を形成する。**葉**：奇数羽状複葉が互生する。小葉は、6〜16対もあり、長さは40〜100cm。小葉のつけ根に1〜2対の特徴のある鋸歯が見られる。**果実**：長さ4cm程度の狭長楕円形の翼果で、中央に種子がある。
**この植物について**：庭漆。中国原産の帰化植物。巨大な羽状複葉の葉をつけ、背も高くなるためよく目立つ。かぶれを起こすウルシ科のウルシ、ハゼに似るが、本種はニガキ科であるためかぶれない。葉の小葉の基部に数個の鋸歯ができる点でウルシやハゼと区別がつく。種子は翼を持っており、くるくると風に乗って遠方まで運ばれる。翼の色は個体によって差があり、赤味を帯びるものと、緑色を帯びるものがある。道路脇などで発芽したものもよく見かけ、学内でも急速な勢いで個体数が増えている。幹を伐採しても、根から新たに芽を出すので一度はびこると駆除は大変。また、本種は別名をシンジュ（神樹）とも呼び、野生の蚕の仲間シンジュサンの食草でもある。シンジュサンは、天然記念物に指定されている日本最大の蛾ヨナグニサンの近縁種である。（山東智紀）　　学内での分布：H-7他

雌花　　　　　　　　　　雄花

## アカメガシワ *Mallotus japonicus*

**大きさ**：5〜15mの落葉高木。**分布、原産地**：本州（宮城県・秋田県以西）・四国・九州・琉球、朝鮮・中国（台湾・大陸）に分布。**花**：花期は7月。花弁のない小さな花を多数つける。雄花は淡黄色、雌花の花柱は紅色。**葉**：長さ10〜20cm、倒卵状円形〜広卵形。互生。**果実**：さく果は扁球形、3まれに4裂する。種子は黒色の扁球形。

**この植物について**：赤芽柏。通常は河原、海岸、伐採跡地などの日当たりの良い場所に生える。生長が早く、キャンパス内でも日当たりがよければ、意外なところに生えていたりする。新葉には赤い毛（鱗片）が多数あり、芽だし部分が渋い紅色（赤芽）で目立つ。和名はこの芽と葉の形に由来する。葉が大きくなるにつれ赤い毛は脱落し、緑色になる。樹皮を煎じたものは胃潰瘍、十二指腸潰瘍、胃酸過多症に効果があるとされる。（齊藤修）

学内での分布：各所

雌花の根元にある雄花と苞葉

## エノキグサ　*Acalypha australis* ／ Australian acalypha

**大きさ**：30〜50cmの1年草。**分布、原産地**：北海道〜琉球、台湾・アジア大陸東部に分布。**花**：花期は8〜10月。淡紅色の小さな雄花が穂状に集まって花序をつくり、その基部に緑色の苞葉に包まれた雌花がつく。**葉**：長楕円形〜広披針形で、直立する茎に互生する。**果実**：さく果、種子はともに球形。

**この植物について**：榎草。畑や開けた地域に普通に見られる雑草で、葉がエノキに似ることから名づけられた。苞葉は編み笠状であることからアミガサソウの別名もある。同属種にはベニヒモノキのように4mにも達する樹種がある。ひも状の花序は30cm以上にもなり盛夏には壮観であるものの暑さに弱く、日本の戸外では越冬できなかったが、最近の暖冬化で越冬する地域が増えて戸外で成育し開花する事例が増えている。学内では軒下に置かれた鉢植えがときに開花しているのを見ることができる。（米田該典）

学内での分布：各所の路傍

トウダイグサ科　夏　147

花序

# ニシキソウ *Euphorbia humifusa* var. *pseudochamaesyce*

**大きさ**：10〜20cmの１年草。**分布、原産地**：日本在来種。本州〜九州、東アジアからヨーロッパにかけ温帯に広く分布。**花**：花期は７〜10月。葉腋に淡赤紫色の杯状花序（椀状花序）をまばらにつける。**葉**：対生し、長楕円形で、基部は左右が非常に不ぞろい。葉は長さ４〜10mm、幅２〜６mmでほとんど斑紋がない。茎は紅色を帯び、葉の下面とともに少し毛があり、長さ10〜25cmになる。**果実**：無毛のさく果で、径約1.8mm、種子は長さ0.7mm、灰褐色で平滑、横しわもない。
**この植物について**：錦草。直立茎は退化あるいは短縮し、散形枝の部分が発達して地面をはう。本州以南の平地や畑地などに普通に生える雑草。コニシキソウに似ているが、茎はやや細く、地をはうか、または斜めに立ち、杯状花序で、椀形の総苞のなかで雌花が先に熟し、ついで雄花の順である。**参考**：花のように見えるものが杯状花序である。ほとんど単独の雄しべ、雌しべにまで退化した雌花１つ、雄花数個がまとまって杯状になった総苞の中に収った形をとり、トウダイグサ科によく見られる。似た仲間のコミカンソウは秋にミカンのような小さい果実をつける。（高橋・栗原）　学内での分布：G-4

参考：コミカンソウ

夏　トウダイグサ科

# コニシキソウ  *Euphorbia supina* / spotted spurge

**大きさ**：10～30cmの１年草。**分布、原産地**：北アメリカ原産の帰化植物。北海道～九州に分布。**花**：花期は７～10月。葉腋に杯状花序を数個ずつつけ、目立たない暗紅色の花を咲かせる。花序の中に雄花と雌花が入っている。**葉**：対生し長さ５～10mmの長楕円形で、基部は左右が非常に不揃い。葉の中央に表面に暗紫色の斑紋が目立ち、表裏ともに毛がある。茎は有毛、長さ10～25cm、地表をはって四方にひろがり、傷つけると白い乳液が出る。**果実**：さく果は球形で、表面に白色の寝た毛が生えていて径約1.8mm。種子は長さ0.6mm、３稜があり、面には数条の横しわがある。

**この植物について**：小錦草。北海道～琉球列島にかけて生える帰化植物で、北アメリカ原産である。繁殖力の強い雑草。全体に縮れ毛があり、葉の上面中央に暗紫斑がある。**参考**：よく似たハイニシキソウは葉に葉斑がなく、オオニシキソウは同じく北アメリカ原産で、アジア、ヨーロッパにも帰化している。高さ20～60cmに斜上し、８～９月頃、枝先に数個ずつ杯状花序をつけ、葉は長さ1.5～３cm、幅６～12mm程度でコニシキソウの２～３倍の大きさであり、オレンジ色のさく果は無毛である点も異なる。（高橋・栗原）

学内での分布：：各所の路傍

参考：オオニシキソウ

トウダイグサ科　夏　149

## アメリカフウロ *Geranium carolinianum* / Carolina geranium

**大きさ**：10〜40cmの1年草または越年草。**分布、原産地**：日本各地に分布。北アメリカが原産地。**花**：花期は4〜8月。淡紅色〜白色。花弁は5枚で5mm程度。**葉**：掌状にほとんど基部まで3〜5裂し、2〜3cm。それぞれの裂片はさらに分かれる。葉の縁、葉脈や茎は赤味を帯びる。**果実**：さく果は長さ約2cm。5つの種子には網目状の紋様がある。

**この植物について**：亜米利加風露。よく似ているゲンノショウコの別名である風露草にちなみ、アメリカから渡来したゲンノショウコの意味。牧野富太郎により昭和初期に京都市で確認されたのが最初である。その後、帰化植物として路傍や荒れ地、畑など日本各地に広がる。ゲンノショウコに似ているが生薬としての薬効は確認されていない。アメリカフウロの乾燥物を土壌中に混ぜた後、太陽熱による土壌消毒あるいは敷きわらと併用することで、ジャガイモの青枯病を防除することができるとの報告がある。抗菌成分の1つはエチル3,4,5-トリヒドロベンゾエートである。（福井希一）

学内での分布：E-4

## ゲンノショウコ　*Geranium nepalense* ／ Thunberg's geranium

**大きさ**：30〜70cmの多年草。**分布、原産地**：南千島・北海道〜奄美大島の各地、朝鮮・台湾に分布。**花**：花期は7〜10月。葉腋から細長い花柄を出し、先に小花柄をもった直径1〜1.5cmの花を2つつける。花は白色で5本の紅脈があるか、淡紅色または紫紅色である。花やガクには腺毛がある。雄しべが10本に雌しべが1本で、花柱は先端で5裂している。**葉**：茎は地につき、葉柄と共に下向きの開出毛がある。葉は3〜5に深裂し、幅3〜7cm、裂片は倒卵形で鈍頭、浅く3裂し、2〜6個の大きな鋸歯があり、対生である。**果実**：果実には長いくちばしがあり全長1.5cmくらい。細かい毛が密生し、先端には1mmほどの花柱が残り、先が5本に分かれた分枝も短く長さ1〜2mmである。

**この植物について**：各地の山野にふつうに見られる民間薬の代表生薬であり、すぐに薬効が現れるので「現の証拠」の名がつけられた。夏から秋にかけて、全草を採集し、陰干しにして用いる。タンニンを含んでいるため、収斂性下痢止めに効果がある。ただし、採るときに、有毒なキンポウゲ科の植物と葉がよく似ているものもあるので、注意が必要である。花は白色と紫紅色または淡紅色がある。東日本では白色、西日本では紫紅色が多いが、種としては同じものである。縦に長い果実がはじけると、おみこしのような形になるのでミコシグサとも呼ばれる。（高橋京子）

学内での分布：I-5 他

フウロソウ科　夏　151

豆果

## ナツフジ *Millettia japonica* ／ Japanese summer-wisteria

**大きさ**：落葉つる性大木。**分布、原産地**：本州（東海道以西）・四国・九州に分布。**花**：花期は7〜8月。葉腋に長さ10〜30cmの総状花序をだし、1.2〜1.5cm淡黄白色の蝶形花を多数つける。**葉**：互生で卵形または狭卵形で長さ2〜5cm、幅1〜2cmの小葉8〜15枚からなる奇数羽状複葉。両面はほぼ無毛。**果実**：10〜11月頃結実。果実は豆果、長さ10〜15cm、幅0.8〜1cm。無毛。

**この植物について**：夏藤。盛夏の頃に開花するため、一名ドヨウフジともいう。小葉は5対から8対で毛がない。花は淡い緑白色でフジらしくない。フジ属と異なり、花序が枝の先ではなく、葉のわきからでる。実はマメ科特有の豆果である。花が淡紅色の品種をアケボノナツフジforma *alborosea* Sakataという。園芸品種にヒメフジvar. *microphylla* Makinoがあり、盆栽などにされる。（高橋京子）

学内での分布：F-5、J-4

## ノササゲ　*Dumasia truncata*

**大きさ**：つる性多年草。**分布、原産地**：本州〜九州の山地や丘陵地の林縁に分布。**花**：花期は8〜9月。葉の脇から出る花序に、15〜20mmの淡黄色の蝶形の花を総状につける。**葉**：三出複葉で互生し、小葉は長卵形。頂小葉は長さ3〜15cm、幅2〜6cm。**果実**：10〜11月、長さ3〜5cm、幅8mmぐらいの豆果をつくる。豆果は倒披針形で毛はない。豆果は数珠状にくびれ、熟すと淡紫色になる。

**この植物について**：野大角豆。林縁などに生えるツル植物で、葉の形はミツバアケビに似ている。和名は野生のササゲという意味であるが、食用のササゲとは分類学上は同じ仲間ではない。ササゲはアフリカ原産である。薄黄色の房状の花を咲かせるが、それ以上に、秋に実るマメの莢の鮮やかな青紫色が印象的である。（山東智紀）　　学内での分布：竹林の林縁など

マメ科　夏

細かく裂け

## ネムノキ　*Albizia julibrissin*／silk tree

**大きさ**：5〜10mの落葉高木。**分布、原産地**：本州・四国・九州・琉球、台湾・中国大陸・朝鮮・東南アジアに分布。**花**：花期は6〜8月。小枝の先に1cmほどの無梗で目立たない筒状の白い花が10〜20個集まって上向きに咲く。ブラシの毛のような根元が白く、淡紅色の糸状のものは3〜5cmの雄しべであり、ひとつの花から多数出ている。雌しべも糸状で長く、雄しべが枯れた後に伸びて目立つ。**葉**：大形の二回羽状複葉をなす。小葉は長楕円形で細く、長さ1〜2cm、葉柄の基部が膨れており（葉枕）、15〜30対が互生している。**果実**：9〜10月に豆果をつける。豆果は長さ10〜15cm。種子は偏平楕円形、褐色。

**この植物について**：合歓木。細かく裂けた葉が特徴的である。この種の仲間の大部分は熱帯に分布し、温帯にまで分布しているのはこの種を含めてごく少数だという。名前は葉の切れ込み（小葉）が夜になると閉じて眠っているように見えることに由来する（就眠運動）。初夏になると細長くて淡い紅色をした花が頭状に集まった花序をつけるが、花の外に突き出た多数の雄しべがなんとも涼しげで独特の風情を醸しだし、晩秋に莢状の実をつける。（齊藤修）

学内での分布：G-4、J-4

154　夏　マメ科

果実

## **ヘビイチゴ** *Duchesnea chrysantha* ／ Indian strawberry

**大きさ**：10〜20cmの多年草。**分布、原産地**：北海道〜琉球、中国（本土・台湾）から、さらに南はジャワにまで分布。**花**：花期は4〜6月。径15mm程の黄色い5弁花ですき間が目立つ。5枚のガク片は尖って大きく伸び、その間の先が3裂した副ガク片は花弁と同じ大きさになる。**葉**：長さ3cm程の菱形を帯びた3枚小葉で、菱形の外側2辺に鋸歯がある。**果実**：表面に粒々のある赤色で球形、苺に多少似たものがなる。

**この植物について**：蛇苺。その語源には「蛇が食べるためのイチゴだから」や、「これを食べにくる小動物を蛇が狙い、獲物にするから」など諸説ある。ヘビイチゴという名前と毒々しい色合いから、毒があるというイメージを持っている人もいるが、食べることはできる。しかし中身がスカスカのスポンジ状のため味がなく、決して美味とはいえない。またヤブヘビイチゴという植物もあり、果実で見分けることが可能である。（中尾勝一）

学内での分布：少し湿った場所。

バラ科　夏

## ナワシロイチゴ　*Rubus parvifolius* ／ Japanese raspberry

**大きさ**：30cmの落葉低木。**分布、原産地**：北海道・本州・四国・九州・琉球の平地から山地、朝鮮・中国に分布。**花**：花期は5〜6月。枝先や葉腋から集散花序をつけ赤紫色の花を上向きにつける。**葉**：3出複葉で互生し、茎や葉など、全体に棘がある。小葉の長さは2〜5cm。**果実**：6月に、直径1.5cmほどで球形、濃赤色の実を結ぶ。

**この植物について**：苗代苺。モミジイチゴ、ニガイチゴ、クマイチゴ、フユイチゴなどの日本に自生する木苺類のなかで、最も普通に生えているのがこの種である。長さ50〜100cmの枝がつる状に伸びて、その名のとおり田圃の畦に這っていたりするので、あまり木本植物には見えない。小葉には鋸歯があるが全体に丸く、ふつう3枚からなる。葉の裏面には白い綿毛が密生するのも特徴のひとつ。苗代をつくる6月頃に赤く熟し、食べられる。果実の粒はそう大きくならないが、集めて煮れば木苺ジャムになる。
（齊藤修）

学内での分布：H-5

花拡大　　　　　　　　　　　　　葉

## ユキノシタ　*Saxifraga stolonifera*／creeping saxifrage, strawberry geranium

**大きさ**：20〜50cmの多年草。**分布、原産地**：本州・四国・九州、朝鮮半島・中国に分布。**花**：花期は5〜6月。大きさは1〜2cm。5枚の花弁のうち下2枚が長く、白色。上の3枚は倒卵形で紅紫、黄の模様がある。**葉**：根生でロゼット状についている。葉の形は円い腎臓形、長さ3〜6cm、幅3〜9cmの大きさ、葉質は厚くて柔らか、表面には長毛がびっしり生えている。**果実**：さく果で広卵形、種子は楕円形をしている。

**この植物について**：雪の下。名の由来は白い花を葉に積もる雪に見立ててユキノシタ、という説がある。同じ仲間に花が「大」の字に似たダイモンジソウがある。理科実験で、この植物の葉の裏側の表皮を使って細胞の観察した記憶のある人もいるかもしれない。背丈が低く、日陰に育つ植物なので花の時期も気付きにくい。匍匐茎でよく増え、八重咲きや、葉に斑が入る御所車という園芸品種もある。民間では古くからやけどや傷の薬として用いられ、近年では化粧品にも抽出物が配合されている。（栗原佐智子）

学内での分布：植栽の根元など、やや湿った場所

ユキノシタ科　夏　157

## コモチマンネングサ *Sedum bulbiferum*

**大きさ**：20〜60cmの越年草。**分布、原産地**：本州（東北地方南部以南）〜琉球、朝鮮・中国に分布。**花**：花期は5〜6月。花序は頂生の集散状。黄色の5弁花で星型。**葉**：基部の葉は対生し卵形、上部の葉は互生し、ヘラ形で多肉質。長さ1〜1.5cm、幅2〜4cm。互生する。**果実**：種子はできず、2〜6枚の葉を持つ胚珠(むかご)を葉腋に1つつけ、繁殖する。

**この植物について**：子持万年草。地面を這うような位置に咲く黄色い花は鮮やかで明るい。子持とは葉腋に胚珠が出来て繁殖するためで、花が終わると親株は枯れるが地に落ちた胚珠が成長し、越年する。種子繁殖をしないため、広範囲に同じ親を持つクローンが存在しているわけで、せっかくのかわいらしい花も進化には無意味である。マンネングサというのは多肉植物であり活着のよいベンケイソウ科の植物和名に多い。（栗原佐智子）　　学内での分布：E-4

参考：メキシコマンネングサ

## マメグンバイナズナ  *Lepidium virginicum* ／ Virginia pepperweed

**大きさ**：20〜50cmの越年草。**分布、原産地**：北アメリカ原産。**花**：花期は5〜6月。枝先に総状花序をだし、径約3mmの緑白色の4弁花を多数つける。**葉**：互生、長さ2〜6cm。茎葉は倒披針形〜線状楕円形で、不ぞろいの鋸歯がある根生葉は、羽状に切れ込んでロゼット状になる。**果実**：平たくてほぼ円形の短角果で、先端は少しへこんでいる。長さは約3mm。**この植物について**：豆軍配薺。全世界に広く分布し、150種ほどが知られている。日本には数種が見られるがすべて帰化植物である。冬にはロゼット葉はきれいな円形を示し、春に花茎を伸ばして微小な白花を多数開く。花期にはロゼットは枯死して見られない。果実は小さいが名のとおり軍配状を示し、間違うことはない。若葉は食用になりうる。同属で日本に帰化しているコショウソウと同じく、茎葉には特有の辛味と香りがあるからであろう。日本ではあまり食用にはしない。（米田該典）

学内での分布：F-4

花と果実

## ナガミヒナゲシ　*Papaver dubium* ／ long-headed poppy

**大きさ**：20〜60cmの1年草。**分布、原産地**：日本各地に分布。地中海沿岸からヨーロッパ中部が原産地。**花**：花期は4〜5月。花の直径は3〜6cm。茎や枝の先に橙色の4弁花を1個ずつつける。まれに6弁花のものもある。**葉**：1〜2回羽状深裂し、柄はなく、互生している。両面とも毛が多い。**果実**：2〜3cmの長楕円形、無毛でなめらかなさく果を形成する。
**この植物について**：長実雛芥子。長い花茎の先にゆれる鮮やかな大輪のオレンジ色の花は花弁がまるで紙で作った造花のようで美しい。一日花であり、朝見かけたから帰りにも見たいと通りかかると散ってしまっているのは残念である。1961年（昭和36）に東京世田谷で帰化が確認された。その後分布は拡大し、学内でも容易に観察できる。その名の通り果実は長形で中には黒い種子が出来る。アヘンを採取するケシの仲間であるがこの種には麻薬成分はない。（栗原佐智子）

学内での分布：建物の際や草むら、路傍。

種子　　　　　　　　　　　果実

## アオツヅラフジ　*Cocculus orbiculatus*

**大きさ**：1～10mの落葉または常緑つる性低木。**分布、原産地**：北海道～琉球、朝鮮・中国（本土・台湾）・フィリピンに分布。**花**：花期は7～8月。葉腋から円錐状の花序を出し、小さい淡黄色の花を多数つける。**葉**：紙質で葉柄は長さ1～3cm、広卵形から卵状楕円形で互生。古株では分裂しないが多くは3浅裂し、基部は心形または円形、両面に多少毛がある。長さ3～12cm、幅2～10cm。**果実**：液果は直径6～7mmの球形で藍黒色に熟し、白粉をかぶる。核は馬蹄形。

**この植物について**：青葛藤。小枝には柔らかい毛がある。大きなものは高さ10m以上、茎の直径1cmくらいになる。雌雄異株で、雌の花序はやや小さく花数も少ない。若いつるの部分が青いためアオツヅラフジの名がある。カミエビともいう。根および根茎を薬用にするが、効力はオオツヅラフジに劣る。地上をはう枝は昔からオオツヅラフジと同様、編み物（背負いかご）に利用する。（高橋京子）　　　　学内での分布：日当たりのよい場所。

全開した花は直径約20cm　　ストロビロイド状の花軸

## タイサンボク　*Magnolia grandiflora* ／ laurel magnolia, southern magnolia

**大きさ**：10〜20mの常緑高木。**分布、原産地**：北アメリカ南東部が原産地。
**花**：花期は6月。白色で直径15〜20cmと大きく、芳香がある。雄しべ雌しべが花軸でストロビロイドとなっている。**葉**：互生し長さ10〜25cm、幅4〜10cmの長楕円形。厚い革質で全縁。表面に光沢があり裏面には褐色の毛が密生する。**果実**：10〜11月に熟し、長さ8〜12cmの楕円形で袋果が集まった集合果。
**この植物について**：泰山木、または大山木。属名は18世紀のフランス人植物研究者のMagnolに、種小名は大きな花と言う意味。1879年（明治12）、南北戦争のグラント将軍が夫妻で来日した折、明治天皇の案内で上野公園に植樹したことが記されている。芳香のある花は多くの香水の原料となっている。**参考**：ストロビロイド（Stroboiloid）とはらせん状に多数の器官がつく構造であり、現在、いくつかの分類体系があるが、クロンキスト分類体系ではこのような構造を持つ両性花を進化の出発点としている。（福井・栗原）

学内での分布：F-4、J-5

## スベリヒユ　*Portulaca oleracea*／Summer purslane

**大きさ**：15〜30cmの多年草。**分布、原産地**：世界中の温帯〜熱帯。日本全土に見られる。**花**：花期は7〜9月。花弁は黄色、径5mm程度で5弁。枝の先に集まった葉の中心に数個つく。**葉**：互生し、長さ15〜25mmで、くさび形を帯びた長楕円形。**果実**：蓋果は烏帽子形、種子はゆがんだ円形で、黒色。縁はざらつく。
**この植物について**：滑莧。真夏の地面を這うように肉質の茎葉が伸びる。花は小さく、かつ涼しい時間帯だけ開花するため日中でも観察できないことが多い。園芸店や街路の植え込みで見られるポーチュラカはハナスベリヒユともいい同属である。雄しべを爪楊枝などで触ると触られた方向に曲がる。これらは訪花した昆虫に効率よく花粉をつける技を持っている。古くから食用とされ、酸味とぬめりがあるらしい。夜間に二酸化炭素を貯蔵し昼間に気孔を開くことなく、効率よく光合成を行うCAM（ベンケイソウ型酸代謝光合成）植物である。（山東・栗原）　　学内での分布：日当たりの良い路傍

参考：ポーチュラカ

スベリヒユ科　夏

果実の様子

## ヒナタイノコズチ *Achyranthes bidentata* var. *tomentosa* ／ pig's knee

**大きさ**：40〜90cmの多年草。**分布、原産地**：本州、四国、九州そして中国に分布する。**花**：花期は8〜9月。花は長径6〜7mm、5枚の花被片、5本の雄しべ、花柱は1個。花穂はイノコズチよりも密に花をつける。**葉**：厚く、長さ10〜15cmで倒卵状の楕円形をしている。茎は4稜形で節はややふくらむ。**果実**：花被の3枚の内2枚は花期が終わると果実を包んで下向きの棘状になり、種子となったとき動物の毛や人の着衣につきやすくなり運ばれる。

**この植物について**：日向猪子槌。イノコズチとは全形が近似して両種は区別し難いが、ヒナタイノコズチは葉が厚く、毛が多く、葉縁が波状にねじれることなど葉形を観察することで区別できる。ただ、比較対象が近くにないので判りにくいが、学内で見るのは通常この種である。和名の由来は諸説があり、明らかではないが形状に因む言葉だろう。中国では茎の節がふくらむことから牛の膝に見立て、牛膝(ゴシツ)という。イノコズチは山地の樹陰を好むことでヒカゲノイノコズチとも呼ぶが、ヒナタノイノコズチは名の通り日当たりの地と住み分けているので判りやすい。（米田該典）　　**学内での分布**：日当たりの良い路傍

164　夏　ヒユ科

ロゼット葉　　　　　　　　　　　　雄花

## スイバ　*Rumex acetosa* ／ sorrel

**大きさ**：30〜80cm越年草。**分布、原産地**：北海道〜九州を含む北半球の温帯に分布。**花**：花期は5〜8月。茎の上部に円錐状に朱赤色の花を咲かせる。**葉**：長楕円状披針形で長さは10cmほど。基部の葉は矢尻形から円形。ロゼット葉や下部の葉は有柄だが、上部の葉は無柄で茎を抱く。ヒメスイバは矛型である点で区別できる。**果実**：そう果は3稜形で黒色。長さは2.5mmで光沢がある。

**この植物について**：酸葉。庭園の雑草の代表属で同属株には大型の種が多い。染色体数は雌は14、雄は15であり、雌雄異株である。日本全域の日当たりのよい草地に多く自生し、地下茎は太く短く多くの根を分枝し、草体は花後も残り、庭園の管理には厄介である。葉がやや酸味を帯びることからこの名がある。別にスカンポの名を持つが、酸っぱい葉の転訛であろう。蓚酸カルシウムの結晶を多く含み、酸味が強く、欧米では若芽を好んでサラダやソースの材料とし、栽培もされる。英名のsorrelはフランス語のsurrelle（酸っぱい）のことからという。植物体にはアントラキノン類の化合物が含まれることから、若葉でも多量に食すると下痢や時には嘔吐を起こすことがあるので注意が必要である。（米田該典）

参考：よく似たギシギシのロゼット葉

学内での分布：日当たりの良い草地や路傍

タデ科　夏

ウマノスズクサを食草とする
ジャコウアゲハ幼虫

# ウマノスズクサ　*Aristolochia debilis*

**大きさ**：1m程度のつる性多年草。**分布、原産地**：本州（関東以西）〜九州、中国に分布。**花**：花期は6〜8月、葉腋から長い柄の先に距は大きくくびれ特徴的なサキソフォン型の黄緑色で内筒がえんじ色の花を咲かせる。**葉**：3角状狭卵形、長さ4〜7cm。互生。**果実**：さく果は球形で長さ1.5cm。6つに裂け種子は平たく、多い。

**この植物について**：馬鈴草。本州中部以南の暖かい地域に分布するが、多くはない。同属種は国内に8種が知られており近辺の山地にはアリマウマノスズクサが知られるが、その数は多くはない。かつて豊中キャンパスには自生か移植か不明だが、確認されたが、現在では見ることはない。花は写真のように特徴的で開花期には間違うことはない。植物学的には形状において特異であり、含有する化学成分も特徴的で、硝酸基を構造内に有する。同属植物の根や茎を薬用として利用することもあったが、現在では期待しない効果が明らかになったこともあって、ほとんど薬用としない。ただ、中国では果実を用いているが、わが国では伝統的に果実は薬用としない。（米田該典）

学内での分布：H-4

## ヤブマオ　*Boehmeria longispica*

**大きさ**：1〜1.2mの多年草。**分布、原産地**：北海道〜九州、中国に分布。
**花**：花期は8〜10月。淡緑色。葉のわきから穂状花序を出し、茎の上部に雌花序、下部に雄花序をつける。雌花は球形に集まって花軸状に密接して穂状花序状となる。雄花は葉腋から出る柄にまばらにつく。**葉**：対生し、長さ10〜15cmの卵状長楕円形〜卵形。厚くてざらつき、先は尾状に尖る。縁にはあらく鋭い鋸歯があり、上部ではしばしば重鋸歯になる。裏面には短毛が密生する。**果実**：そう果の集団は密接して長い穂状になる。
**この植物について**：藪真麻。本種の近縁種のカラムシは、かつて服などの繊維材料として日本に導入され、真麻（苧麻）と呼ばれた有用な植物であったが、今では顧みられず雑草と化している。本種は、藪に生える真麻という意味から、ヤブマオと名付けられた。（山東智紀）

学内での分布：林縁など

雌花 雄花

## カナムグラ　*Humulus japonicus* / Japanese hop

**大きさ**：つる性1年草。**分布、原産地**：北海道〜九州・奄美大島、中国に分布。**花**：花期は8〜10月。雌雄異株で、雄花は淡緑褐色、雌花は小球花状で大きな包に包まれ、松かさ状になる。**葉**：掌状に深く5〜7裂し、基部は心形、長さ5〜12cm。対生。両面にはザラザラした毛を有する。**果実**：そう果は紫褐色を帯びる。長さ4〜5mm。
**この植物について**：鉄葎。夏に開花し、日よけに栽培することもある。近似種にカラハナソウがある。わが国では中部地方以北の山野に自生し、葉が3裂することでカナムグラと区別される。カラハナソウはホップの変種である。かつて、カラハナソウはホップの原種とも考えられたことがあった。ホップの雌花はビールの香り、苦みを賦与するために重要である。（米田該典）　　　　　　　　　　　　　　学内での分布：F-4 他

168　夏　クワ科

雌花

雄花

果実

# ヤマモモ　*Myrica rubra*／myrica

**大きさ**：15〜20mの常緑高木。　**分布、原産地**：本州（関東南部・福井県以西）・四国・九州・琉球の常緑樹林、台湾・中国大陸中南部・フィリピンに分布。**花**：花期は3〜4月。短い花穂にたくさんの2〜4cmの小さな赤い雄花を咲かせる。雌花序は短く1cmほど。赤いが花序のない雌花をつける。**葉**：密に互生し、濃緑色で光沢があり、10cm前後の長楕円形である。**果実**：6月ごろに球形で直径1〜2cmの黒赤色の実を結ぶ。
**この植物について**：山桃。別名として楊梅（ようばい）、山桜桃（ゆすら）など。雌雄異株で、3〜4月にかけ数珠つなぎに小さな赤色の花弁のない花をつける。6月ごろに暗紅色の甘酸っぱい実を結ぶ。樹皮は楊梅皮（ヨウバイヒ）という生薬で、タンニンに富むので止瀉作用（下痢止め）がある。消炎作用もあるので筋肉痛や腰痛用の膏薬に配合されることもある。学内では雌雄どちらも植栽されており、毎年たくさんの実を結んでいる。（大竹健太郎）

学内での分布：各所に植栽

ヤマモモ科　夏　169

# ドクダミ　*Houttuynia cordata* ／ chameleon plant

**大きさ**：30〜50cmの多年草。**分布、原産地**：本州〜琉球、中国・ヒマラヤ・東南アジアに分布。**花**：花期は5〜7月頃。茎上方から伸びた花茎の先に雄しべの先端の葯が密集した淡黄色の花穂をつける。花は1枚の小さな苞葉と3個の雄しべ、花柱が3裂する1個の雄しべからなる。花穂の下に白色で十字形に4枚開いた苞をもつ。花弁やガク片をもたない。**葉**：互生、形は心形で、長さ4〜8cm、幅3〜6cm、葉柄の基部に大きな托葉がある。色は暗緑色。**果実**：球形に近い褐色の小さな果実がたくさんつき、残存する花柱の間で裂け小さな種子を出す。単為生殖によって種子を形成する。
**この植物について**：蕺草。地中を長くはう白い地下茎から地上茎が立ち、やや湿り気のある路傍や林縁に生える。中国では「蕺菜（ジュウサイ）」または「魚腥草（ギョセイソウ）」と称して、解熱・解毒剤としている。ドクダミの名は「毒溜め」がなまったという説や「毒痛み」の意味だともいわれる。日本の民間療法には欠かせない薬草の1つである。全草に独特の臭気があるが、乾燥させると臭気は消え、煎じて、お茶がわりにのむ。十薬ともいい、腫れ物、皮膚病に用いられる。（高橋京子）

学内での分布：各所の半日陰

夏　ドクダミ科

### ネジバナ　*Spiranthes sinensis* var. *amoena* ／ lady's tresses

**大きさ**：10～40cmの多年草。**分布、原産地**：日本全土・朝鮮・中国・ヒマラヤに分布。**花**：花期は5～8月。花序は長さ5～15cmで、毛があり、ねじれている。それによって、小さな花が花序の下から上へ螺旋状に咲く。花は通常淡紅色だが、個体によって濃淡に差がある。**葉**：根生し、線状倒披針形で先は尖り、全縁。長さは5～20cm、幅1cm程度。**果実**：5～10月結実する。

**この植物について**：捩花。その名のとおり花茎に対して螺旋状に小さな淡い紅色の花を付ける。英名は「婦人の編んだ髪」の意。葉は濃い灰緑色で根もと近くにつく。花期以外はほとんどその存在は知られることはないが、6月頃キャンパス内の日当たりのよい草地や芝生の上をよく観察すれば花をつけた個体を見つけることができる。ごく普通に見ることができる種だが、シュンランやギンランと同じくラン科の仲間らしく、花の造形はさすがに見事である。八重咲きなど花形や花色に変異がある。（齊藤修）

学内での分布：G-3、H-3、J-6

雌花

雄花　　　　　　　　　　　　　　　　　珠芽

## ヤマノイモ　*Dioscorea japonica* ／ Japanese yam, glutinous yam

**大きさ**：つる性多年草。**分布、原産地**：本州以西の日本各地、朝鮮・中国に分布。**花**：白色。花期は7〜8月。雄花は葉腋から直上する3〜5本の軸に穂状花序につき、雌花は葉腋から垂れた軸に長い穂状花序につく。**葉**：対生、形は心形披針形で先は尖り、長さ5〜10cm。葉腋には珠芽（むかご）をつける。
**果実**：果実はさく果、長さ15mm、幅25〜30mm程度。
**この植物について**：山芋。根茎は疲れたときに食べると良いとされるが、そもそも山薬（サンヤク）という滋養強壮の生薬としても処方に用いられる。葉腋に付く珠芽も食用となり、時々青果売り場で見かける。ゆでたり素揚げしたりして塩をつけて食べるのも味噌汁に入れるのも美味である。根茎は特に近縁な、栽培されているナガイモとは区別して自然薯（じねんじょ）とよび、すりおろすと粘り気が本種の方が強い。（栗原佐智子）　　　　学内での分布：H-3 他

172　夏　ヤマノイモ科

果実

種子

## タカサゴユリ　*Lilium formosanum* ／ formosa lily

**大きさ**：30〜200cmの多年草。**分布、原産地**：日本各地に分布。台湾が原産地。**花**：花期は7〜11月。茎の上部に総状に花をつけ、横向きかやや下向きに開く。長さは15〜20cm程度、直径は10〜15cm。**葉**：無柄で線形、長さ10〜30cm、幅5〜12mm、多数互生する。**果実**：長さ5〜7cm、長い円柱形で上向きにつき、中には大量の種子がある。種子には翼がついており、風で飛散する。

**この植物について**：高砂百合。種子繁殖によって増える白いユリ。花被片の外側に紫色の筋があるものが多い。香りもあり、切花としても利用価値は高い。近年、高速道路の法面などに群生しているのをよく見かけるようになってきたが、学内でも確実に分布を広げてきている。花後、若い果実は、90°動いて真上をむく。（山東智紀）　　　　学内での分布：各所

ユリ科　夏　173

SK

TS　珠芽　　　OS　春先、葉を出しはじめた頃のノビル

## ノビル　*Allium grayi* / wild recambole

**大きさ**：50〜80cmの多年草。**分布、原産地**：北海道〜九州、朝鮮・中国（本土・台湾）に分布。**花**：花期は4〜7月。茎の先に膜状の苞葉をつけ、花序は始めその中に含まれている。花は白色または淡紅紫色。**葉**：長さ20〜30cmほどで互生している。狭線形で先は尖り中空、断面は半円形から三日月型になる。**果実**：花の一部または全部が紫黒色の珠芽になる。
**この植物について**：野蒜。ヒル（蒜）とはネギやニラなど、においがあり食用とするものの古い総称名である。春先の3月はじめ他の草本に先駆けて、西門からキャンパス外周の道路沿いの斜面には、針のように細長い葉が一斉に真っ直ぐ地面から伸びる。初夏に淡紅紫色の花を多数つける。子供の頃、春になると道端に生えているノビルを収穫し、油味噌炒めにしたのを食べた。エシャロットによく似た白い玉状の部分（鱗茎）とその根との白い茎を食べるのだが、味もエシャロットによく似ていて、生のまま味噌をつけて食べてもおいしい。（齊藤修）　学内での分布：斜面の草地など

珠芽

## **オニユリ** *Lilium lancifolium* ／ tiger lily

**大きさ**：1〜2m。**分布、原産地**：北海道〜九州、朝鮮・中国に分布。
**花**：花期は7〜8月。数個〜20個横向きに開く。花被片は橙赤色で濃色の斑点がある。**葉**：多数つき、披針形で長さ5〜15cm。互生する。**果実**：ふつうは実らない。

**この植物について**：鬼百合。陽炎が立つような暑い季節に、草むらで目を引く鮮やかなオレンジ色の花がオニユリだった。オニというのは粗大という意味。葉の腋に黒い珠芽をつけることで、よく似たコオニユリと区別できる。3倍体が多く果実は実らない。鱗茎を食用にするため朝鮮半島から持ち込まれ、栽培したものが野生化したらしい。イギリスには1800年代に導入されているが、英語名（タイガーリリー）はピーターパンに登場するインディアンの酋長の娘と同じで原作の書かれた時期と一致しないわけでもない。（栗原佐智子） 　　　　　　　　　　　　学内での分布：G-8

ユリ科　夏

## クサイ　*Juncus tenuis* ／ poverty rush

**大きさ**：30～50cmの多年草。**分布、原産地**：北海道～九州・中国・ヨーロッパ・南北アメリカ・オーストラリアに分布。**花**：花期は6～9月。淡緑色で縁は白色膜質の花をつける。**葉**：長さ10cmくらい、幅2～3mm、イネ科状で下部に互生し、縁は上面に曲がる。基部は鞘状になって茎を抱き、鞘のふちに薄い耳状の突起がある。**果実**：さく果は緑褐色の卵状楕円形で光沢がある。

**この植物について**：草藺。人に踏みつけられるような場所に生える繁殖力の強い植物。アメリカからの史前帰化植物といわれる。株の基部は赤褐色で花は小さく目立たないが球状のさく果は目に付きやすい姿である。クサイという和名は臭いことではなく、イグサ（藺）に似ているが葉があるので草であるという意味。ちなみに畳表になるイグサには葉がなく、葉のように見えるのは退化して茎を包む鞘と苞葉である。**参考**：史前帰化植物とは農耕文化とともにもたらされた植物種の中でも弥生時代のような古いもののことを言う。（栗原佐智子）

学内での分布：H-4

の黄色い雄しべは花粉を出さ
虫を集めるため仮雄蕊

## ツユクサ　*Commelina communis*／day flower

**大きさ**：20〜50cmの1年草。**分布、原産地**：北海道〜琉球、朝鮮・中国・樺太に分布。**花**：花期は6〜9月。1.5〜2cmほどの2枚の鮮やかな青紫色の花弁をもつ花をつける。2枚の苞葉の中に数個のつぼみがあり、そこから花弁を突き出すように出てくる。**葉**：5〜7cmで卵状の被針形で互生する。先は尖り、平行脈が顕著である。基部は膜質で鞘状に茎を包む。**果実**：7〜9月に結実。はじめは白く、次第に茶色になって割れる。
**この植物について**：露草。茎は倒伏して伸び、盛んに分岐する。花をつける花序は短く、順次1花ずつ咲くので、単生花のように見える。日本からアジア北部に広く分布するが、北米に帰化している。花の大きな種はオオボウシバナで、花から青い色素であるコンメリニンを抽出して和紙に浸み込ませ、友禅や絞り染などの下絵描きの色剤とする。色素は水溶性で描いた後水で洗うことで流し去ることができる。（米田該典）
　　　　　　　学内での分布：路傍や荒地に普通に見られる

ツユクサ科　夏

仏炎苞を脱がすと上に雄花が、下に雌花がある

葉茎の付け根に白く膨らんでいるのが珠芽

## カラスビシャク　*Pinellia ternate* ／ crowdipper

**大きさ**：20〜40cmの多年草。**分布、原産地**：北海道〜琉球、朝鮮・中国に分布。**花**：花期は5〜8月。雌花群は花軸の片側に密につく。雄花群は花軸が仏炎苞より離れた部分につく。仏炎苞は緑色または帯紫色で高さ30cmほど。**葉**：葉柄の先につく3小葉からなり、小葉はふつう長楕円形または狭卵形で、鋭頭、長さ3〜12cm。**果実**：液果は緑色で小型。

**この植物について**：烏柄杓。蛇が鎌首を上げたようなこんな変わった姿の植物が附属図書館吹田分館前の池の周りに生えている。和名は仏炎苞の形をひしゃくに見立てたもの。吹田分館前の緑地は頻繁に草刈りが行なわれるが、この種は地中のまるい球茎に養分を蓄え、草刈り後にいち早く3出複葉の葉を展開して光合成を行なう戦略で他の種と共存している。さらに、写真のように葉のつけ根に珠芽ができて、それが栄養繁殖して増えるというたくましさを備えている。（齊藤修）

学内での分布：H-4、G-5

178　夏　サトイモ科

## チヂミザサ  *Oplismenus undulatifolius* / wavyleaf basketgrass

**大きさ**：10〜30cmの1年草。**分布、原産地**：日本各地の平地や丘陵地の林内、旧世界の温帯〜亜熱帯に広く分布。**花**：花期は8〜9月。緑紫色の花をつける。花序は長さ6〜12cmで密に小穂をつけている。小穂は狭卵形で、ノギが透明な粘液に覆われ、種子の散布に役立つ。**葉**：長さ3〜7cm、幅1〜1.5cmの披針形で強く波を打ち、粗らに毛が生えている。**果実**：熟すとノギから粘液を出す。

**この植物について**：縮み笹。葉の縁が縮れることからこの名がある。「笹」と付くが、地下茎で増えるタケ・ササとは異なり、毎年種子から生える1年草である。竹林や雑木林の林内に群生することが多い。また、秋に穂を出すが、特にノギと呼ばれる毛がベタベタしていて、衣服につきやすく、一度付くとなかなか取れない。動物に種子を運んでもらうための巧妙な戦略の一つである。（山東智紀）　　　　　　　　　　学内での分布：各所

## ヨシ（キタヨシ、アシ） *Phragmites communis* ／ common reed

**大きさ**：2〜3mの多年草。**分布、原産地**：北海道〜琉球の湿地、世界の暖帯〜亜寒帯に分布。**花**：花期は8〜10月。ススキに似た花が淡紫色の小穂が密に集り円錐状につく。**葉**：幅2〜4cm、長さ20〜50cmの線形で先はしだいに鋭く尖り、下垂する。**果実**：種子は風により散布。

**この植物について**：葦。水辺に群生し、吹田キャンパス内の犬飼池の縁で見られる。アシとも呼ばれるが、悪しに通じるのを嫌い、ヨシ（善し）と呼ばれることが多い。植物学的にはアシもヨシも同じ植物をさす。日本の古名は、「豊葦原瑞穂の国(とよあしはらみずほ)」と呼ばれていたことからもわかるように、日本人にとって古くから馴染みのある重要な植物であった。さまざまな生物に住処を与えたり、水質浄化に役立ったりしているとして、近年再注目されている植物。夏の日よけの葦簾（ヨシズ）は、本種の茎を利用して作られる。パスカルによる「人間は考える葦である」は有名な言葉。（山東智紀）

学内での分布：I-4、J-4

## エノコログサ *Setaria viridis* var. *viridis* ／ fox tail

**大きさ**：50〜80cmの1年草。**分布、原産地**：北海道、本州、四国、九州、アジア、ヨーロッパ、北米。**花**：花期は8〜10月。長さ2〜5cm、淡緑色の円柱状円錐花序をつける。小穂は長さ2mm、卵形で緑色、柄に長さ6〜10mmの剛毛が数本ある。**葉**：長さ5〜20cm、幅5〜15mmの線状皮針形で先端は尖る。葉舌は毛の列となる。**果実**：楕円形の穎果で、小さな鱗のような4枚の苞穎で包まれている。

**この植物について**：狗尾草。茎は基部鞘で折れ曲がり、枝分かれしながら直立する。エノコログサは栽培の粟の改良種の出発植物と考えられ、コアワを経てアワに変化したようである。オオエノコログサというのはエノコログサとアワの交配種であると理解されている。エノコログサは人里近い場所にしか見られないことから、本来国内に野生していたかどうかは判らないが、ユーラシア大陸に自生し、現在では北米やアフリカにまで帰化している。（米田該典）　　　　　　学内での分布：日当たりの良い草地や路傍

## オヒシバ　*Eleusine indica* / indian goosegrass, goose grass, rapoka grass, fowlfoot grass

**大きさ**：20〜50cmの1年草。**分布、原産地**：本州、四国、九州、沖縄の道ばたや野原に分布する。**花**：花期は8〜10月。長さ7〜15cm、幅3〜4mmで茎の先端に扇の軸を広げたように緑の花序が3〜6個つく。軸の片側に2列の小穂。**葉**：長細い線形で幅が3〜7mm、縁に長くやさしい白毛をまばらにつけ、下部に平たい葉鞘をもつ。**果実**：穎果(えい)。

**この植物について**：オヒシバ（雄日芝）は日向に生える芝に似た植物という意味。1本の茎の上部に2〜7本くらいの穂を付ける。雄に対してメヒシバ（雌日芝）があり、こちらはオヒシバより花穂が多く、穂は細くやさしい感じがするので"雌"と呼ばれる。いずれも秋に見られるありふれた雑草で、筆者は子供の頃どちらも材料に使って、ぼんぼりに見立てたものを作って遊んだ。オヒシバは茎で草相撲をとって遊ぶことで相撲草とも呼ばれる。（栗原佐智子）

学内での分布：日当たりの良い各所

参考：メヒシバ

冬の姿

## ヒメガマ *Typha augustifolia* ／ small reed mace, narrow leaf cattail

**大きさ**：1.5〜2mの多年草。**分布、原産地**：北海道〜琉球、世界の温帯〜熱帯に広く分布。**花**：花期は7〜9月。花は離れた雌花穂と雄花穂で構成される。雄花穂は6〜20cm、その上に雌花穂がつく。**葉**：幅5〜10mmでガマより細めの線形。高さは1.5〜2m。**果実**：堅果。

**この植物について**：姫蒲。水辺の植物で、吹田キャンパス内の犬飼池の縁で見られる。初夏に花を咲かせ、秋口に細長いソーセージのような穂をつける。穂は、無数の綿毛の密集したもので、一部分が崩れると、穂の大きさからは想像のつかないほどの綿毛があふれ出す。民話「因幡の白兎」で、大国主が皮を剥がれたウサギに与えたのがこの「ガマの穂」の綿であったといわれる。近縁種にガマとコガマがあり、これらは水深の浅い休耕田や沼地で見かけるのに対し、本種は、比較的水深の深い場所を好んで生える。さらに、本種が雄花序と雌花序が離れる点、太さが細い点などである。（山東智紀）

学内での分布：I-4、J-4

ガマ科 夏 183

果実

## メタセコイア　*Metasequoia glyptostroboides*／dawn redwood

**大きさ**：25〜30mの落葉高木。**分布、原産地**：中国の四川省と湖北省に分布。**花**：花期は2〜3月。枝先に多数の雄花序を形成し垂れ下がる。雌花も枝先につく。**葉**：2列対生し、線形をなす。長さ3cm程度、幅は1〜2mm程度。秋に橙赤色に色づき小枝ごと落下する。**果実**：10月頃に角状球形、または短円柱形の褐色球果を形成する。種子は倒卵形をなし、翼に包まれている。

**この植物について**：万博公園の太陽の塔の両脇に生えている背の高い高木がこの種である。スギ科の針葉樹だが、冬になると落葉するその葉はどちらかというとネムノキの葉をさらに細長くしたような感じである。春の明るい新緑と秋のオレンジがかった黄葉が見事である。この種の化石は古くから発見されていたが、1945年に中国四川省で生品が発見された。そのため「生きた化石」の例としても知られている。（齊藤修）

学内での分布：G-7、F-4

果実

紅葉

## ラクウショウ　*Taxodium distichum* ／ bald cypress

**大きさ**：20m以上の落葉高木。**分布、原産地**：北アメリカの東部からメキシコ湾岸・ミシシッピー川流域に分布。**花**：花期は3〜4月頃。雄花序は長さ10〜20cmで垂れ下がる。雌花は枝先に1〜2個つく。**葉**：長さ1〜2cmの線形で、長枝にはらせん状に、短枝には羽状に互生する。秋に赤褐色となり落葉する。**果実**：直径約3cmの卵状球形で、秋に成熟し暗褐色となる。

**この植物について**：漢字では落羽松と書き、側枝に葉が水平に並んで付くところを鳥の羽に見立て、秋になると枝ごと落葉することにちなむ。雌雄同株で雄花序と雌花序をそれぞれ梢と枝先につける。湿地では根元の周囲に気根をもつ。メタセコイアと葉が良く似ているが、メタセコイアは対生である。（福井希一）

学内での分布：E-3

スギ科　夏

雌花

TS

オレンジ色の胚珠がのぞいている

SK

雄花

# ソテツ　*Cycas revoluta* ／ Japanese sago palm

**大きさ**：2〜3ｍで時に5ｍになる常緑低木。**分布、原産地**：九州（宮崎県以南）・琉球、台湾・中国大陸南部に分布。**花**：花期は6〜8月。雌雄異株。雄株の茎頂に長さ50〜60cm、直径15cmの円柱状の雄花群を雄株の茎頂に多数の雌花を球状につける。**葉**：茎頂から四方に葉を広げ、葉は羽状に分裂し、50〜70cmにも達する。羽片は線形で表面は濃緑色でつやがあり質は硬い。**果実**：長さ6〜8mm、球形ないし球状楕円形で9〜11月に紅熟する胚種。

**この植物について**：蘇鉄。幹は太く、葉柄基部が枯れ残って周囲を鱗状に覆う。側方から出芽し枝分かれをする。雌花は大胞子葉が束生するだけである。他の種子植物に見られない花の原型で、シダ状の葉を持ち、有性生殖は卵と精子の間で行うなど、原始的なシダの形状を残している。秋に赤く大きさも4cmにも達する種子は胚珠が大きくなっただけで、果実はない。なお、銀杏と同じく精子による受精発見は1895年のことであった。（米田該典）

学内での分布：G-4、H-3

# 環 境 と 植 物
## 吹田キャンパス周辺の環境変化を旧版地形図から読み取る

齊藤　修

　吹田キャンパスが含まれる国土地理院発行の地形図（2万5千分の1，吹田）を過去に遡って入手し、周辺環境の変化について分析した。

1923年（大正12）の地形図をみると、吹田キャンパスのある山田村は集落の中心部（現在のエキスポランド南側の市街地）を除いて、そのほとんどが水田と樹林（針葉樹林）、竹林（モウソウチク林）からなる里山環境であったことがわかる。残存している樹木から判断して、樹林の多くは松（アカマツ林）であったと思われる。アカマツはこの地域の二次林（自然林伐採後に自然または人為によって成立した林）の代表的な優占種であり、現在も部分的に残っているコナラやクヌギなどの落葉広葉樹林は、農家が薪炭として利用していた名残りであろう。現在は、キャンパス内やその周辺は大規模な土地造成を受けたため、容易には想像できないかもしれないが、当時はゆるやかな起伏の丘陵地に谷間が入り組んだ複雑な地形であったことがうかがえる。このような地形の複雑さと農林業に伴う人々による手入れのおかげで、多様な植物の生育場所が確保されていたはずである。この本づくりを通してキャンパス内の残存林内で発見したシュンランやギンラ

モウソウチク林に残存するコナラ　　　　　　　　　ギンラン

ンはこの時代からの生き残りと考えられる。千里門の前に広がる氷遠池やキャンパス内の犬飼池と遊水地はこの地形図でも確認できるが、当時は主に農業用のためのため池として利用されていたのであろう。

　1967年（昭和42）の地形図には、まだ阪大や万博公園は登場しない。吹田市では藤白台をはじめとして、古江台、津雲台など、茨木市では松沢池周辺で大規模な宅地開発・住宅団地開発が進んでいる様子が見てとれる。1959年（昭和34）測量の地形図ではこうした大規模開発は見られないが、1960年代の千里ニュータウン開発によって千里丘陵での宅地造成が急速に進んだのである。茨木ゴルフ場もこの時期から造成がスタートしたようである。現在吹田キャンパスがあるエリアには、この頃も水田が広がっているが、樹林地については広葉樹林の地図記号がところどころ見られるのがそれ以前とは異なる。この樹種の変化についての解釈には二通りある。一つは短い伐採周期で低林管理されていたコナラ・クヌギなどの落葉広葉樹林が燃料革命によって利用されなくなり、高木林化して相対的に優占度が高まったためで、もう1つは松枯れによってアカマツ林が衰退して、そこにアラカシなどの常緑広葉樹林（照葉樹林）が増えたためと考えられる。また、この時期はそれ以前と比較すると竹林もやや増加している。

　1970年（昭和45）の万国博覧会の開催に向け、この地域ではさらに大規模開発が急ピッチで進むことになった。旧山田村の丘陵地（364ha）が会場用の敷地となり、そのうち約271haが造成対象となった。1970年には大

1923年（大正12）　　　　　1967年（昭和42）

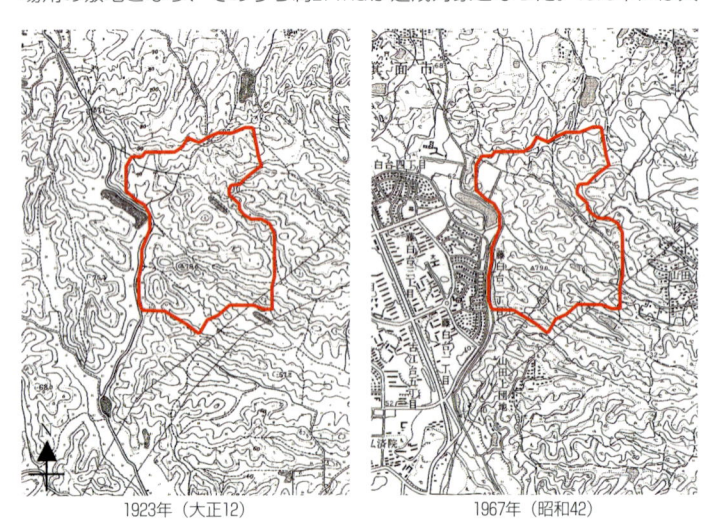

**図1　地形図「吹田」に見る地形と土地利用の変遷（赤線内が吹田キャ**

阪大学工学部や産業科学研究所などが山田丘への移転を完了しており、現在の姿の原型を1969年（昭和44）版の地形図に見ることができる。当時は、阪急線に万国博西口という駅があり、現在の万博公園の西口につながる道が駅からのびていた。また、万博会場の周囲の丘陵地も造成され、広大な駐車場スペースが整備されていた。万博会場開発と阪大工学部の進出により、万博会場の南側の一部と阪大キャンパスの北側を除いて、この地域からは多くの農地（水田）と樹林地が消えた。

**万博会場周辺**の駐車場スペースは、その後、万博記念競技場（1972年）をはじめとする各種運動グランド、吹田市資源リサイクルセンター（くるくるプラザ、1992年竣工）、テニスコートなど公的な施設整備が進められた。また、万博会場北側の駐車場スペース等には、阪大の人間科学部、薬学部、歯学部、医学部、医学部附属病院などが次々と移転し、キャンパスの規模が拡大した。それは同時に、キャンパス内の緑地の減少と植生変化を引き起こした。現在、吹田キャンパスの面積は99.7haであり、このうち建物の建築面積が16.4haを占める。道路や駐車場面積が建築面積とほぼ同等かそれ以上であるから、現在の緑被率は50～60％と想定される。さらにこのうち、街路樹などのように造成後に計画的に植栽されたものがその半分程度は占めるため、この地域の古くからの植生は20～30％程度と考えられる。この残った20～30％の多くも、残念ながら既に竹林の侵入拡大により、荒廃・貧化が進行しているのが現状である。

（写真：齊藤修）

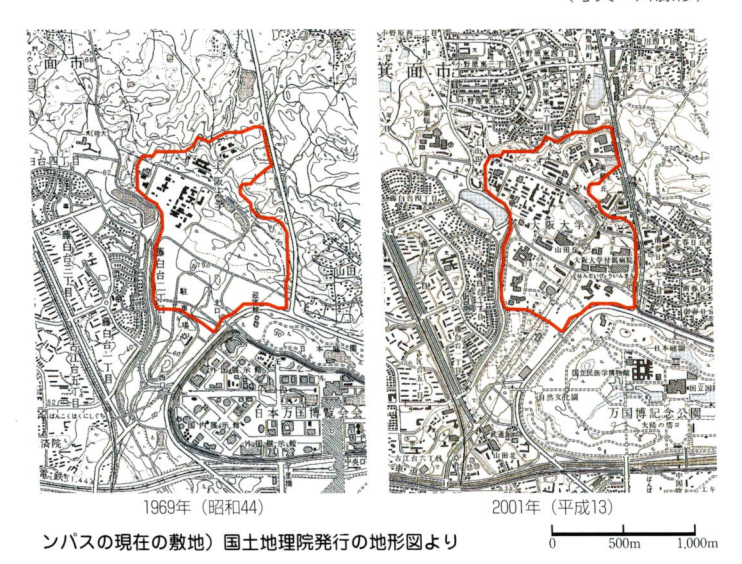

1969年（昭和44）　　　2001年（平成13）

ンパスの現在の敷地）国土地理院発行の地形図より

# 植物のいろいろ比較

## 植物のいろいろな毛

（写真：栗原佐智子）

ヒメジョオン葉縁　　ヌスビトハギ豆果表面　　ヨモギ葉裏面

## 吹田キャンパス内のどんぐり

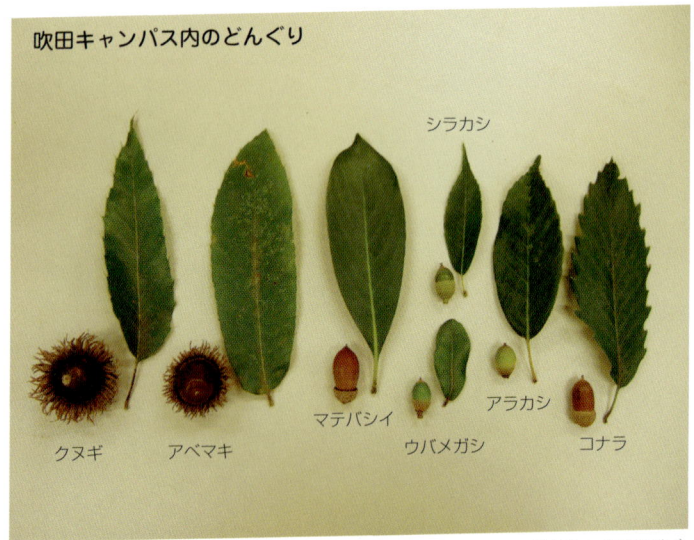

シラカシ

クヌギ　アベマキ　マテバシイ　ウバメガシ　アラカシ　コナラ

（写真：山東智紀）

秋

工学研究科旧応用生物棟のツタ

芽生え

## オオアレチノギク　*Conyza sumatrensis*／sumatran fleabane

**大きさ**：80〜200cmの越年草。**分布、原産地**：東北地方南部以南に分布。南アメリカが原産地。**花**：花期は8〜10月。円錐花序に3〜4mmの白緑の頭花を多数つける。周囲には目立たない舌状花で中心に筒状花。**葉**：根生葉は白い軟毛を密生し、倒披針形の葉を多数つける。茎葉は披針形で、上部の葉は線形である。**果実**：そう果は長さ1.4mmで細長く、冠毛は淡黄褐色で長さ4mmである。

**この植物について**：大荒地野菊。熱帯産の植物種で、少数種が温帯にまで広がりを見せている。昭和の初期に帰化した種で、茎は直立し、頭花には明瞭な舌状花はなく、ほぼ筒状花のみである。同類のアレチノギクは早く帰化したが、オオアレチノギクの広がりとともにだんだん少なくなり、現在はほとんど見かけない。分布はアレチノギクが世界的にはより広いと思われるが、競争関係にあるのか気候などでの適応性で棲み分けをしているのかは不明である。（米田該典）　　　　学内での分布：各所の空地など

頭花

## ヒメムカシヨモギ　*Erigeron canadensis* ／ Canadian horseweed

**大きさ**：1～2mの越年草。**分布、原産地**：日本各地。世界に広く分布し、北アメリカが原産地。**花**：花期は8～10月。黄色い筒状花のまわりに白色で小さい舌状花が囲む径約3mmの頭花を茎上部にたくさんつける。**葉**：葉はほぼ無柄、密に互生し両面はほぼ無毛で縁に開出毛が目立つ。根生葉はヘラ形、鈍頭、基部は細まって柄に続く。茎葉は細長い披針形、長さ7～10cm、幅0.5～1.5cm、まばらな鋸歯があるか全縁。**果実**：淡褐色の冠毛をもつ、そう果。

**この植物について**：姫昔蓬。茎は直立し、葉と同様に粗毛がある。明治の初期に帰化した種で、明治草、御維新草などとも呼ばれるが、鉄道の線路の建設につれて広がりをみせたことから鉄道草とも言われた。煮沸後水に晒して食用とする。乾燥した株を蒸留してエリゲロン油を得る。油は下痢や出血に有効とされ利用されるが国内ではあまり使用しない。頭花には小さいが白色の舌状花があることで、オオアレチノギクと区別される。（米田該典）

学内での分布：各所の荒地

# ヒヨドリバナ *Eupatrium chinense* var. *simplicifolium*

**大きさ**：1.5〜2mの多年草。**分布、原産地**：全国に分布。中国が原産地。
**花**：花期は8〜10月。花序を横から見ると傘形になる。小さな筒状花が5個集まり1つの頭花になっている。花弁は浅く5裂し、花から2本の細長い花柱が飛び出している。**葉**：長楕円形か長卵形。葉先は尖る。対生。**果実**：そう果は3mm、腺点と毛がある。冠毛は白色。
**この植物について**：鵯花。秋の七草、同科のフジバカマの仲間であるが独特の万葉の香りのような芳香はなく、花は白い。形態に変異が多く、分類が難しいとされている。筒状の花が多数集まって華やかな雰囲気である。医学部の誰もいない実験動物慰霊塔の近くで咲いていた。ヒヨドリという鳴声のやかましい、大食漢の野鳥がいる。この鳥が鳴く頃に咲くからヒヨドリバナとのこと。マダラチョウ科アサギマダラという蝶が集まる花としても知られる。（栗原佐智子）　　　　　　　　学内での分布：F-3、K-4

頭花

## アキノノゲシ　*Lactuca indica* var. *laciniata*／Indian lettuce

**大きさ**：1〜1.5mの越年草。**分布、原産地**：温帯ユーラシアに分布。日本全土にも分布し、日当たりのよい土手、空き地や道端などにふつうに生えている。**花**：花期は8〜11月。淡黄色で約2cmの頭花は円錐花序につき、上向きに咲く。**葉**：葉は互生し、長楕円状披針形で長さ10〜25cmあり、逆向きの羽状に分裂する。茎も葉も無毛。茎を抱かない。**果実**：そう果は黒色で、長さ8mmほどの白い冠毛がある

**この植物について**：秋の野芥子。ノゲシに似て秋に咲くので秋の野芥子というがそれほど似ているとは思えない。秋風が立つころ、クリーム色の花が優しげに咲きはじめる。晴れた日に開花が見られる。属名の*Lactuca*（アキノノゲシ属）は乳液という意味であり、切ると白汁が出る。アキノノゲシ属はレタスなど食用にされる野菜類が属しており、アキノノゲシも食用にする人もあるらしい。葉が羽状に裂けないものをホソバアキノノゲシとして区別する。（栗原佐智子）　　　　学内での分布：F-5、G-3

## アメリカセンダングサ *Bidens frondosa* / beggar ticks

**大きさ**：1〜1.5mの1年草。**分布、原産地**：本州〜九州に分布。北アメリカが原産地。**花**：花期は9〜10月。枝先に径10mm、黄色の花を咲かせる。総苞の外片は緑色で、葉状で7〜10枚つく。舌状花は花冠が短く、中心には筒状花がある。**葉**：対生につき、奇数羽状複葉で、先端はよく尖っている。頂小葉は大きい。**果実**：長さ7mmで先端に2本の長い棘があるそう果。

**この植物について**：亜米利加栴檀草。別名セイタカウコギ。コセンダングサに似るが水田にも生息し、やや湿った土地を好み緑色の総苞片（ガクのような部分）が丸いブラシのような頭花を大きく取り囲んでいる点で見分けられる。大正時代に移入されたらしい。果実には先端に2本の棘があり、衣類にくっつきやすいので「ひっつきむし」として有名。これを投げつけ合って遊んだ記憶のある人もいるかもしれない。（栗原佐智子）

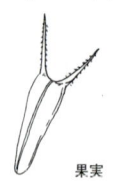

学内での分布：I-4

果実

頭花

## コセンダングサ　*Bidens pilosa* ／ Spanish needles, beggar's ticks

**大きさ**：50〜100cmの1年草。**分布、原産地**：本州の暖地・九州・琉球、世界の暖帯〜熱帯に分布。**花**：花期は9〜10月。黄色の頭花をつける。頭花には舌状花はなく、筒状花だけが集まる。総苞片はヘラ形で先は尖り、7〜8個が1列に並ぶ。**葉**：下部で対生し、上部で互生する。中部の葉は長さ12〜19cmあり、3全裂または羽根状に全裂する。頂小葉の先は細長く尖る。**果実**：線形で冠毛は棘状で4本あり、逆向きの小さなかぎを持つそう果。

**この植物について**：小栴檀草。葉が木本のセンダン（センダン科）に似る在来種のセンダングサよりもやや弱く見えるとして「小」が名につけられたというがそれほど小さくない。変異が多く、白色の舌状花が筒状花を取り囲むコシロノセンダングサなどがある。筒状花のみで頭花が構成され、花弁（舌状花）の有無でセンダングサと見分けられる。果実は先端がひっかかることで衣服などにくっつきやすく、人や動物に運搬してもらう繁殖の戦略である。（栗原佐智子）　　　　　学内での分布：J-5

キク科　秋

## セイタカアワダチソウ  *Solidago altissima* var. *scabra* ／ tall goldenrod

**大きさ**：1〜2mの多年草。**分布、原産地**：日本各地に分布。北アメリカが原産地。**花**：花期は10〜11月。黄色の花を咲かす。頭花は小さく5つ前後の筒状花を中心に10枚ほどの舌状花がある。総苞片は長さ3〜5mm。**葉**：長さ5〜15cmの細長い楕円形で3本の脈が目立ちざらつく。葉柄はほとんどなく、下面に毛が多い。**果実**：1mm内外で冠毛が汚白色のそう果である。
**この植物について**：背高泡立草。秋に四角錐の黄色い穂状の花を咲かせる。英名goldenrodとは金色の杖の意。根からアレロパシー物質を出すため、本植物が群生するところにはススキ以外はほとんど生えない。しかし、自家中毒を起こし、数年後には枯れてしまう。花粉症の原因として一時期悪者扱いされたが、本種は虫媒花で花粉が風に乗って飛ぶような形状をしておらず、花粉症の原因にはならない。オオアワダチソウはセイタカアワダチソウによく似るが、花期が早く7〜9月であることと、葉や茎にほとんど毛がないことで見分けられる。（山東智紀）　　学内での分布：空き地

参考：オオアワダチソウ

## ノコギク  *Aster ageratoides* var. *ovatus* ／ wild chrysanthemum

**大きさ**：40〜100cmの多年草。**分布、原産地**：本州から九州の野山に普通に生える。**花**：花期は8〜11月。茎の先端に多数の紫色の頭花を散房状につける。頭花は径2.5cm、総苞は半球形4.5mm内外、総苞片は3列並び、緑色で上部は少し暗紅。紫色を帯び、舌状花は1列、中央には筒状花がある。**葉**：長さ4〜10cm、幅1〜3cmの広披針形または長楕円形で両面に毛がある。ほとんど無柄で3主脈が目立つ。互生である。**果実**：4〜6cmの長い冠毛があるそう果。

**この植物について**：野紺菊。野山に普通に見られる紺色のキク、という意味だが、紫がかった色から白色に近い花も咲かせる。ノコンギクとヨメナは一見しただけでは見分けがつかないほど生育地も形態も似ている上、変種も多い。これを見分けるには花の総苞片をめくってみるとノコンギクには冠毛のある果実ができるため、これで見分ける。春から初夏にかけて若芽や若葉は食用にすることができるそうだ。（栗原佐智子）

学内での分布：G-4

キク科 秋

## ノハラアザミ　*Cirsium tanakae*

**大きさ**：40～100cmの多年草。**分布、原産地**：日本原産。本州の中部地方以北。**花**：花期は8～10月。紅紫色で径4cmの頭花を茎先端につける。筒状花は長さ17mmである。**葉**：根生葉は長さ25～40cmの長楕円状披針形で、粗く羽状に中裂し、裂片は8～12対で欠刻がある。表面は無毛か粗らに毛があり、中脈が紅紫色を帯びる。茎葉は羽状に中裂し、基部は茎を抱く。**果実**：白い冠毛のあるそう果。

**この植物について**：野原薊。アザミの類は分類が困難である。分布は広くユーラシア大陸、北米と北半球の温帯から寒帯まであり、250種以上が知られている。日本には特に多く70～80種がある。葉は厚くて棘があり、裂片は深浅あり、花は多数の筒状花が集合しているなど、多くの点で共通していて、分類学的には総苞、総苞片の形状に特徴があることで分類上では重要な基準としている。学内で普通に見られるノアザミとはきわめて近似するが、5～6月にはノアザミが、8～9月にノハラアザミが開花することで区別できる。時には異変もあるが。「アザミの花も一盛り」と言われるように、アザミも開花すれば棘や容姿も気にならない。地味であっても花が咲くと人口に膾炙している。アザミ類の多くの種の根は食用になり、いくつかの種は栽培され「ヤマゴボウ」の名で漬け物や山菜として親しまれている。植物名のヤマゴボウは植物全体が強度の有毒性であることから、間違わないことが肝要。（米田該典）

学内での分布：E-5、F-4、H-5

200　秋　キク科

## ヒロハホウキギク *Aster subulatus* var. *sandiwcensis* ／ annual saltmarsh aster

**大きさ**：100cmほどの越年草。**分布、原産地**：北アメリカ原産の帰化植物で日本各地に分布。**花**：花期は8月後半～11月。直径7～9mmほどの小さな頭花をつける。舌状花は淡紅桃色で筒状花の冠毛は、花冠筒より短い。**葉**：葉の幅は中央部で2.5cmほどともっとも広く、先が尖る。明瞭な葉柄があり基部で茎を抱かない。**果実**：冠毛があるそう果。果実が完全に熟すまでは冠毛は見えない。

**この植物について**：広葉箒菊。全体が無毛、上部で枝分かれし貧弱な感じである。枝の茂る様子が箒のようだからホウキギクとつくが、箒になるほどのボリュームはないようだ。ホウキギクは明治末年に日本に入ってきて大阪で発見され、ヒロハホウキギクはその後に入ってきた。ホウキギクとの違いは花序の枝の角度と冠毛で、ホウキギクは花序の枝と茎の角度は比較的狭く、冠毛は花冠筒より長くて外に長く突き出る。両者には雑種ができ、ムラサキホウキギクと称されるが3倍体で結実しない。（栗原佐智子）

学内での分布：G-4 他

ヨモギの花序

夏の夜のヨモギ

# ヨモギ　*Artemisia princeps*

**大きさ**：50〜100cmの多年草。**分布、原産地**：温帯〜暖帯に生育し、本州〜九州・小笠原、朝鮮に分布。**花**：花期は8〜10月。茎先に大きな複総状花序を作り、淡褐色の淡褐色の頭花を多数つける。頭花は径約1.5mm。総苞片は4列で長楕円状鐘形で長さ2.5〜3.5mm、幅1.5mm。**葉**：茎は多く分枝し、葉は長さ6〜12cm、幅4〜8cm、根生葉は決刻〜鋸歯のある楕円形で羽状分裂し、茎葉は羽状深裂し、裂片は2〜4対からなり、下面は灰白色のくも毛がある。**果実**：そう果。長さ1.5mm。

**この植物について**：蓬。山野に最も普通な多年草である。漢字で「艾」、お灸のモグサにするので「善燃草」、いたるところ荒地に生えるので「四方草」などの表し方がある。ヨモギ属は次の4つの節に分けられる。世界的に薬用として用いられる。葉を煎じ、止血薬として痔や子宮出血などに服用する。神経痛やリウマチには浴用剤として用いる。中国では「艾葉」といい、古来より病魔を退ける薬物として用いられた。葉の裏の毛を集めてモグサを作る。（米田該典）　　学内での分布：日当たりの良い各所

根生葉

## ツリガネニンジン　*Adenophora triphylla* var. japonica

**大きさ**：50〜120cmの多年草。**分布、原産地**：日本各地、サハリン、南千島。
**花**：8〜10月に青紫色の花をつける。花冠は長さ13〜22mmの鐘型で先端は5裂し、花柱は花冠より突きだしている。枝先に小花序輪生する円錐花序。
**葉**：根生葉と茎葉があり、根生葉は長い柄があり円心形だが花時には枯れる。茎葉は4〜5枚輪生し卵状楕円形で縁には鋸歯がある。ときに対生、互生。**果実**：無毛のさく果。熟すと上部に穴が開いて茶色の種子がこぼれる。
**この植物について**：釣鐘人参。釣鐘状の花を咲かせ、地下部がチョウセンニンジンのように肥大することからつけられた名前。定期的に草刈が行われ、草丈が短かく維持されている日当たりのよい草地に生育する。秋に咲く花は、青いベルがたくさんぶら下がり可愛らしい。茎を切ると、白い乳液を出す。別名をトトキともいい、「山でうまいはオケラにトトキ、嫁に喰わすもおしうごうざんす」とあるように、古くからよく知られた山菜で、新芽が食用になる。学内では数が少ないので、採らずに秋に咲く花を楽しんで欲しい。（山東智紀）　　　　　　　　　　学内での分布：F-5、I-3

キキョウ科　秋　203

イヌホオズキの果実 参考：アメリカイヌホオズキ

## イヌホオズキ　*Solanum nigrum* ／ black nightshade

**大きさ**：30〜60cmの多年草。**分布、原産地**：北海道〜琉球、世界の熱帯〜温帯に分布。**花**：花期は8〜10月。節の途中から長さ1〜3cmの白色の花序をだし、散形状に4〜8個の花をつける。ガクは浅く5裂し、花冠は皿状で平らに広く開いて5裂し、径が7〜10mmである。**葉**：長さ4〜10cm、幅3〜6cmで1〜5cmの葉柄がある。縁は波形の鋸歯があり、まばらに短毛があるが無毛である。互生である。**果実**：径が6〜7mmのつやのない黒い球形の液果をつける。

**この植物について**：犬酸漿。役に立たないホオズキの意味から名づけられた。似たものに、アメリカイヌホオズキがあるが、実のつき方が左右交互に付くのに対し、アメリカイヌホオズキは一箇所から付く点で区別ができる。また、似たものにワルナスビがあるが、こちらは花が大きく2cm程度あり、また全草にとげがあるので、区別は容易。（山東智紀）

学内での分布：路傍などに普通にみられる。

### キンモクセイ　*Osmanthus fragrans* var. *aurantiacus* ／ fragrant olive

**大きさ**：4～10mの常緑小高木。**分布、原産地**：中国が原産地。**花**：雌雄異株。花期は9～10月。葉腋に橙黄色の小さな花（花冠は直径約5mm）を多数束生し、強い芳香を放つ。**葉**：長さ7～12cmの長楕円形で、先端はとがり、基部は広いくさび形、上部に細かい鋸歯がある。革質であり、表面は緑色、裏面は帯黄緑色。対生についている。**果実**：日本には雄株しか渡来していないため、果実は見られない。

**この植物について**：金木犀。この木の濃厚で甘い香りに秋を感じるという人も多いかもしれない。10月上旬頃、橙黄色の小さな花から発せられる強いにおいは、それまでこの木の存在を忘れていた人々を振り向かせるだけの力がある。ただ最近では芳香剤で使われることが多いために、この匂いでトイレをイメージするという学生さんも最近は少なくないかもしれない。キンモクセイは中国原産で日本では自然の分布はない。香りを楽しむためか、庭木や公園木によく使われる。（齊藤修）　　学内での分布：F−5他

## カキノキ *Diospyros kaki* ／ Japanese persimmon

**大きさ**：5〜15mの落葉高木。**分布、原産地**：本州・四国・九州で栽培。東アジアが原産地。**花**：花期は5〜6月。黄緑色の花をつける。雌雄雑居性で、雄花は長細く長さ約8mmで集散花序に数個、雌花は長さ1〜1.6cmで葉えきに1個つく。**葉**：長さ7〜17cmの楕円形で、表面は主脈に毛があり、裏面には褐色毛があり、互生についている。**果実**：4〜8cmと大きめで、球形、卵形で多肉質の液果。

**この植物について**：柿の木。学名の種小名が*kaki*となっているとおり、日本固有の種である。古くから食用として親しまれてきた果実で、いまでは世界各地で栽培されているという。甘柿と渋柿があるが、日本では渋柿さえも甘くして食べる技と知恵が育まれてきた。鳥の好物でもあるので、親木のある近くの林のなかには鳥が運んだ種から育った稚樹がよく生えている。先端を2つに裂いた竹の棒を使って、秋になると柿獲りをやったものだが、最近ではそういう風景もあまり目にしなくなった。（齊藤修）

学内での分布：F-5、H-4 他

## ナワシログミ　*Elaeagnus pungens* ／ thorny elaeagnus

**大きさ**：約2.5mの常緑低木。**分布、原産地**：本州（関東地方以西）四国、九州、中国の浅山や海岸近くの丘陵に普通に見ることができる。**花**：花期は10～11月。白色の花を数個葉腋につける。ガク筒は長さ6～7mmで太く、外側に褐色と銀白色の鱗片が密生する。**葉**：互生し、長さ5～8cmの長楕円形で、革質で厚い。縁はやや内に巻き波状になる。葉全体、特に裏面は銀色や赤褐色の星状毛や鱗状の毛があり、白く見える。**果実**：長さ約1.5cmの長楕円形で翌年の5月頃赤熟し、食べることができる。

**この植物について**：苗代茱萸。苗代の時期に実が熟することからこの名がある。花は秋に咲き果実が熟するのは翌年の初夏と遅い。本州中部以南から台湾、中国と暖地に生え、果実は食用になる。庭園樹として栽培もされるが、樹全体に棘があることから注意が必要である。グミ属は東アジアを中心に欧州から北米にまで分布し80余種が知られるが、中国に50種近くが分布する。日本においても地方に特異な種がある。グミ属のほとんどの種は果実は赤く熟し生食できる。材は粘りがあることから、農具の柄などに使用する。なお、本種の根には根粒を有し、窒素固定能があることが知られている。（米田該典）

学内での分布：E-4

グミ科　秋　207

## エビヅル　*Vitis thunbergii*

**大きさ**：5mほどのつる性落葉木本。**分布、原産地**：本州・四国・九州に分布。**花**：花期は6〜8月。雌雄異株で葉と対生に円錐花序を出し、花序の柄には巻きひげがある。**葉**：長さ幅とも4〜8cmの心形で、3〜5浅裂または中裂し、縁には鋸歯があり、裏面には淡褐色の綿毛が密生している。**果実**：直径5mmの球形で果肉・果汁の豊富な液果は、ブドウのように房になり、黒く熟す。
**この植物について**：葉裏の茶褐色の毛を蝦色（伊勢海老の甲羅の色）に見立ててエビヅル（蝦蔓）。果実は秋に黒く熟し、食べられる。果実の姿はさながら小さな巨峰のようであり、食べてみると意外に果汁が多く甘かった。おいしそうな実は手の届かない高所にたくさん実っていた。山の中の土産物店で干しブドウになって売られているのを見かけるし、焼酎に漬けられることもあるようだ。中には種子がある。学内で雌雄それぞれをいくつか確認している。ブドウの語源はペルシア語のBudawらしい。（栗原佐智子）

学内での分布：H-4 他

した葉　　　　　　　　　　　　　　　果実

## ツタ（ナツヅタ）　*Parthenocissus tricuspidata* ／ japanese ivy

**大きさ**：つる性落葉木本。**分布、原産地**：日本各地、朝鮮・中国に分布。
**花**：花期は6～7月。花は目立たない。集散花序に小さな黄緑色の花をたくさんつける。**葉**：葉は互生し、卵形で3中～全裂するのが普通であるが、詳しくは2形ある。花のつく枝の葉は葉柄が長く、大きくて先が3裂する。花のつかない長枝の葉は葉柄が短く、小さくて切れ込みのないものや、3小葉になるものがある。**果実**：直径約5mmの球形で、秋に藍黒色に熟す。
**この植物について**：夏蔦。日陰を作る植物として、建物の壁面緑化に用いられる場合が多い。また、レンガ塀などの地震による倒壊防止等にも用いられる。春、夏には緑の葉が生い茂り、秋には赤や黄色に鮮やかに紅葉し、冬には落葉する。冬でも緑の葉を持つものはキヅタ（フユヅタ）という別種である。（福井希一）　　　　　　　　　　**学内での分布**：各所の壁面

色が変化していく果実　　　　　　　　　　　花

## ノブドウ *Ampelopsis brevipedunculata* var. *heterophylla*／amur peppevine

**大きさ**：2.5〜3mのつる性落葉木本。**分布、原産地**：北海道〜琉球の山野に分布。**花**：花期は7〜8月。緑色の花を咲かせる。径は3mm、花弁は5枚で卵状三角形である。ガク片は5枚、雄しべは5本、雌しべは1本である。**葉**：長さ、幅ともに4〜13cmで、3〜5中裂する。縁には鋸歯があり、裏面の脈上に粗い毛がある。巻ひげは葉と対生。**果実**：径6〜10mmの光沢ある球形の液果で、緑、白、紫、青と変化しながら熟していく。

**この植物について**：野葡萄。晩夏の頃から秋が深まるにつれ、白、青、紫、赤褐色など、とりどりに色づく果実が美しいブドウである。名にブドウとつくものの、この果実は食べられない。ノブドウミタマバエなどが産卵し、虫えい（虫こぶ）となって通常より大きな実になることがある。エビヅルのような食べられるブドウよりもごく普通にあるのが惜しいと子供の頃にはよく思っていたものである。変種が多く、葉が深く切れ込んだものはキレハノブドウして区別される。（栗原佐智子）　学内での分布：山手に普通にみられる

参考：キレハノブドウ

## ハゼノキ（ハゼ） *Rhus succedanea* ／ wax tree

**大きさ**：10mほどの落葉高木。**分布、原産地**：四国・九州・小笠原・琉球の常緑樹内、台湾・中国大陸南部・東南アジアの熱帯、亜熱帯に分布。**花**：花期は5〜6月。黄緑色の花を咲かせる。雌雄異株で、葉腋から長さ10cmほどの円錐花序を出し、多数の花をつける。**葉**：奇数羽状複葉で互生する。小葉は5〜6対あり、長さ5〜10cmの披針形または卵状披針形で先端が鋭くとがる。若葉には微毛があるが、後に無毛になる。裏面は緑白色。**果実**：直径8〜10mmのゆがんだ扁球状の核果の表面は光沢があり無毛。未熟のときは緑色であるが、熟すと光沢のある白色になる。

この植物について：櫨。日本では戦国時代末期に中国から輸入され、果皮からロウを採るため古くから栽培されてきた。各地でリュウキュウハゼ、ロウノキ、ハゼウルシ、サツマウルシ、トウハゼ、ハジノキなど多くの名が付けられている。雌しべは退化し、雌花には小さい雄しべと発達した子房が1個、雄花にはガクと花冠が各5弁あり、花弁は開くと反り返る。果実や樹液でかぶれることがある。（高橋京子）　　学内での分布：G-6 他

雄花のある花序。根元に若い果実がある

紅葉したナンキンハゼ

雌花（丸印の中）

果実

# ナンキンハゼ　*Sapium sebiferum* ／ Chinese tallow tree

**大きさ**：約15mの落葉高木。**分布、原産地**：本州から琉球で栽培。中国（山東省〜雲南省）が原産地。**花**：花期は6〜7月。枝先や葉腋に長さ6〜18cmの総状花序を出す。上部に雄花を10〜15個、基部に雌花を2〜3個つける。黄色の花で芳香がある。雌雄同株。**葉**：長さ4〜9cmのひし形状広卵形で先は急に尖る。柄の葉身につく基部に2個の腺点がある。互生である。**果実**：扁球形で直径約1.3cmのさく果。白いロウ質に包まれた種子からロウや油をとることが出来る。

**この植物について**：南京黄櫨。花が開花する5月ごろ、実と紅葉の11月ごろが観察に最適。雄花と雌花があるが、同じ木に咲く雌雄同株である。春に長い穂状の雄花序を付け、その基部に数個の雌花がつく。秋にはじけた白い実には脂肪分が多く、カラスの大好物である。紅葉がきれいだが、多くは落ち葉清掃作業を考慮して紅葉前に枝打ちしてしまうため台無し。（山東智紀）　　　学内での分布：キャンパスの主要道路沿いに植栽

豆果

## ネコハギ *Lespedeza pilosa*

**大きさ**：60〜100cmの多年草。**分布、原産地**：本州〜九州、朝鮮・中国に分布。**花**：花期は7〜9月。白色で長さが7〜8mm、形は蝶形の花が葉腋に2〜5花つく。白色の旗弁の基部に紅紫色の斑点がある。ガクは深く5裂し、長毛がある。**葉**：長さ1〜2cmの広楕円形または円状楕円形の小葉を3枚持つ複葉で、小葉の両面に短毛がある。**果実**：卵形で軟毛におおわれた豆果である。

**この植物について**：猫萩。動物に関連した名前が付く植物は多いが、本種は全草に生える柔らかな毛を猫の毛に例えてのものだろう。地面を這うようにして生え、よく生長したものでは1m以上も伸びることもある。また、写真は通常の花だが、これ以外に目立たない閉鎖花をつけることもある。通常の花は他の個体の花粉により受粉する（他殖）が、閉鎖花は自分自身の花粉で受粉する（自殖）。閉鎖花をつけるものには、本種以外にスミレの仲間が有名である。（山東智紀）　　　　学内での分布：F-4 他

## メドハギ *Lespedeza cuneata* / sericea lespedeza

**大きさ**：50〜100cmの多年草。**分布、原産地**：北海道〜琉球、朝鮮・中国・ヒマラヤ・アフガニスタン・マレーシア・オーストラリアに分布。**花**：花期は8〜10月。5〜7mm蝶形花。葉腋に4、5個がつく。白〜淡黄色の旗弁の基部に紅紫色の斑がある。花の基部のがくは5裂し、5つの裂片は細くて尖る。**葉**：倒被針形の3小葉で構成。3小葉は接近して、互生する。**果実**：扁平な円形、または広楕円形の豆果。
**この植物について**：目処萩。草地、荒地、かわらなどの開けた平地に見られる多年草。萩のような花穂にならないことから、あまり目立たない。茎は丈夫で低木のようになる。枝がまっすぐなので、かつて占に使う筮竹（ぜいちく）に使用され、筮（めどき）が名の由来となったようだ。窒素固定能を買われ、工事の法面（人工斜面）に種子を吹き付けて緑化にも利用されている。（栗原佐智子）
学内での分布：J-8 他

214　秋　マメ科

莢と種子

## タンキリマメ　*Rhynchosia volubilis* ／ rat's eye bean

**大きさ**：1〜3mのつる性草本。**分布、原産地**：本州（千葉県以西）、四国、九州、沖縄、朝鮮半島、中国。**花**：花期は7〜10月。葉腋より総状花序を出し、黄色で長さ3〜5cmの蝶形花を開く。ガクは5裂し、褐色毛と腺点がある。**葉**：長さ3〜5cmの倒卵形か倒卵状ひし形の小葉。互生し、3出複葉である。托葉は皮針形、小托葉は線形である。**果実**：豆果は長さ約1.5cmで、熟すと莢が赤くなり黒い2個の種子を出す。
**この植物について**：痰切豆。秋にフェンスに絡む植物の、開裂した赤い莢の中から黒い種子がのぞいているのに引き寄せられてカメラを向けた。豆に痰を切る薬効があるとのことで名づけられたが俗説らしい。葉が大きく、花や実がないときはクズと見間違える。よく似たオオバタンキリマメ（トキリマメ）は葉先が狭く尖ること、比較的毛が少ない点で見分けられる。
（栗原佐智子）　　　　　　　　　　　　　　　学内での分布：E-4 他

花序 豆果

## アレチヌスビトハギ　*Desmodium paniculatum* ／ panicledleaf ticktrefoil

**大きさ**：50～150cmの1年草。**分布、原産地**：関東地方以西に分布。北アメリカが原産地。**花**：花期は9～10月。長さ6～9mmのピンク色の花を総状につける。**葉**：長さ5～8cm、幅2～3cmの細長い皮針形で、3小葉からできている。上面には毛は少ないが下面には毛が密生している。**果実**：扁平であり、間には節があって3～6個に分かれている。表面はかぎ状に曲がった毛が密生しており、熟すと節から分断されて衣服などにくっつく。

**この植物について**：荒地盗人萩。秋も深まった頃に学内の草むらを歩くと、四角い緑色の何かが衣類にくっついてきた経験のある人もいるのではないかと思う。吹田・豊中両キャンパスにヌスビトハギの仲間は3種確認しているがアレチヌスビトハギは探さなくても観察できるほど個体数は多い。アレチヌスビトハギの花のほうが大きく、果実の莢は5つから6つくらいにくびれており、これが分かれて衣類に付く。豆果の形が盗人の足跡というよりは、忍んで歩いても付いてしまう証拠のように思う方がふさわしいほどである。
（栗原佐智子）

学内での分布：各所

豆果

## ヌスビトハギ　*Desmodium podocarpum* subsp. *oxyphyllum*

**大きさ**：30〜120cmの多年草。**分布、原産地**：北海道〜琉球、朝鮮・中国（本土・台湾）・ヒマラヤ・ビルマに分布。**花**：花期は7〜9月。葉腋から長さ30cm内外の総状花序を出し、長さ3〜4mmくらいの淡紅色の蝶形花を粗らにつける。ガクは5裂し短毛におおわれている。**葉**：複葉で3枚の小葉をつける。小葉は長卵形か卵形で、裏面脈状に毛がある。また側小葉は小形である。**果実**：長さ4〜8mmの半月形の節が2つある豆果であり、表面に短いかぎ状の毛がある。

**この植物について**：盗人萩。盗人が足音を忍ばせて歩くときの足跡に豆果の形が似ていることが名の由来になっている。豆果をサングラスに例えて想像すると可笑しい。ハギの名を持つものの、同じマメ科ながら豆果の形からハギとは別属のヌスビトハギ属に分類される。在来種であり花は外来種のアレチヌスビトハギよりも繊細ながらしっかりして和風。個体数は吹田ではわずかしか確認できていない。（栗原佐智子）

学内での分布：K-5

豆果は長さ10cm程度で褐色の剛毛が密生する　種子

# クズ　*Pueraria lobata* ／ kudzu vine

**大きさ**：5〜10mのつる性多年草。**分布、原産地**：北海道〜九州・奄美・琉球、朝鮮・中国（本土・台湾）・フィリピン・インドネシア・ニューギニア・北アメリカに分布。**花**：花期は8〜9月。葉腋から10〜20cmの総状花序を立て、密に紅紫色の花をつける。花は下から順に咲く。蝶形花でがくは5深裂で雄しべは10本。**葉**：互生し、3枚の小葉からなり、頂小葉はひし形状の円形で、長さは10〜15cmである。**果実**：線形で5〜10cmあり、褐色の開出毛におおわれている豆果をつける。内部の種子は10個程度で、3〜4mmの黒い斑のある淡褐色。
**この植物について**：葛。クズの繁殖力は日本だけでなく、世界的にも有名であり、国際自然保護連合（IUCN）による「世界の外来侵入種ワースト100」にイタドリなどとともにリストアップされている。キャンパス内のいたるところで他の植物を覆うように生える。その繁殖力の強さから外来種のように誤解される向きもあるが、日本の在来種であり、昔からクズの植物繊維は織物原料（葛布）に使われてきた。葛の根は食品の葛粉や薬の葛根湯の原料でもある。
（齊藤修）　　　　　　　　　　　　　　　　　　　　　学内での分布：各所

## コマツナギ *Indigofera pseudotinctoria*

**大きさ**：50〜90cmの落葉低木。**分布、原産地**：本州〜九州、朝鮮（済州島）・中国に分布。**花**：花期は7〜9月。葉腋から総状花序を出し、長さ5mm、淡紅色の蝶形花をやや密につける。下から順につけ、ガクは5裂し、長さは2mmほどで白毛がある。雄しべは10本である。**葉**：葉は奇数羽根状、小葉は長楕円形、7〜11個、長さ8〜19mm、幅3〜10mm、両面の中央にT字型の両はしの尖った毛がある。**果実**：円柱形で長さ2.5〜3cm、熟すと赤褐色になる豆果をつけ、内部には数個の緑黄色の種子がある。

**この植物について**：駒繋。野原や土手などに多い草本様小低木。茎は多く分枝し細く硬い。和名は駒繋ぎの由来として、①茎は細いが強く、馬の手綱をつなぐのによいから、②マメ科で家畜が好む濃厚飼料であるから、③馬が生えている所から離れないため、などの諸説がある。（高橋京子）

学内での分布：F-4

果実

## マルバハギ　*Lespedeza cyrtobotrya* ／ leafy lespedeza,

**大きさ**：1〜2mの落葉低木。**分布、原産地**：本州から四国・九州それに朝鮮半島や中国に分布。**花**：花期は8〜10月。紅紫色の5弁花であるが、花穂が短く、花は余り目立たない。葉腋に2個の花が背中合わせにつく。花弁は長さ7〜8mmの線状披針形。**葉**：小葉の先端は円く、時にへこむ。長さ幅とも5〜12cmの卵円形〜円形で長さ5cmほどの柄で互生する。**果実**：長さ15mmほどの倒心形で、翌年の秋に熟して2裂し、黒色の種子を飛ばす。

**この植物について**：丸葉萩。芽子とも書く。ハギは秋の七草に数えられるが普通萩といえばヤマハギのことらしい。葉の表面は若いうちは微毛があり、雨上がりに露が玉を置いたように連なるのは風情がある。古くから和歌に詠まれ、万葉集ではウメを抜いて最も多く登場する植物だそうだ。マルバハギはヤマハギと比較して花序が短く、葉に隠れるように咲いている。萩という漢字は日本であてられたもので中国では別の植物を指す。（栗原佐智子）

学内での分布：H-3 他

## マルバヤハズソウ　*Lespedeza stipulacea* ／ Korean lespedeza

**大きさ**：15〜40mの1年草。**分布、原産地**：本州、四国、九州。**花**：花期は8〜10月。5mmほどの紅紫色の蝶形花が上部の葉腋に数個つける他、閉鎖花もつける。ガクは1.5mmほど。竜骨弁の先は濃い暗紫色。**葉**：茎の下部の葉は先端が凹込んでハート型になる。また枝先の葉は密に付き長さ1cmほどの3小葉からなり、側脈が目立つ。**果実**：2倍ほどガクよりも長い豆果に1つの種子が入る。熟しても裂けない。

**この植物について**：丸葉矢筈草。矢筈は弓を引く時につるにかける矢羽の部分のこと。この植物の葉を縦に引っ張るとV字に裂けてこれに似ていることが名の由来になっている。同属のヤハズソウと混生していることが多い。ヤハズソウより多く分枝し、立ち上がるので写真も撮りやすい。葉はハート型で上向きの毛が生えている。（栗原佐智子）　　　学内での分布：空き地など

矢筈

参考：花が終わり果実が出来始めたヤハズソウ

マメ科　秋　221

## ツルマメ  *Glycine soja* ／ Wild soybean

**大きさ**：つる性の１年生草本。**分布、原産地**：日本各地をはじめ、朝鮮半島や中国に分布。**花**：花期は８〜９月。葉腋から総状花序を出し、長さ５〜８mmの淡紅紫色の蝶形花をつける。**葉**：葉は３出複葉で、狭卵形〜被針形の小葉からなる。両面に短毛があるが、裏面の脈上には毛が多い。**果実**：淡褐色の毛が密生する。長さ２〜３cmの豆果。種子は３〜４mm。**この植物について**：蔓豆。大陸から帰化し、これを改良したものがダイズと考えられており、遺伝子組み換えダイズの試験に用いられているようだ。写真ではほとんど確認できないが、確かに枝豆に良く似た豆果がぶら下がっていた。（授業で学生に聞いてみてもダイズの若い豆果がビールの友、枝豆だということを知らない人は割合多いようだ。）花は紫色が美しく、かわいらしいがツルマメというだけあって、つるの絡み方はすさまじいものがあり、除去が困難な嫌われ者の１面もある。（栗原佐智子）

学内での分布：I-7

葉形のいろいろ

種子と果実

### モミジバフウ　*Liquidambar styraciflua* ／ sweet gum, American sweet gum

**大きさ**：15〜25mの落葉高木。**分布、原産地**：北アメリカ東部が原産地。
**花**：4月頃、茎頂に雄花は総状に頂生し、その下に球形で帯緑色をなす直径1cmほどの雌花が1個下垂する。雌雄同株。**葉**：直径12〜18cm、互生し、掌状に深く3〜7裂する。日照や剪定により葉質や切れ込みに大きな変化がある。**果実**：10〜11月に熟し、1個下垂する。直径3〜4cmの集合のさく果で球形をなし、さび色となる。

**この植物について**：紅葉葉楓。葉がカエデ類とよく似ているが、カエデ類の葉が対生であるのに対して、互生であることで区別できる。また、カエデ類ではプロペラのような羽のある種子をつけるが、モミバフウでは丸い棘のある集合果が枝からぶら下がるようにつく。キャンパス内では銀杏会館付近の街路樹に使われている。（齊藤修）　　　　　学内での分布：J-5

マンサク科　秋

## センニンソウ　*Clematis terniflora* ／ sweet autumn clematis

**大きさ**：1.5〜5mのつる性多年草。**分布、原産地**：北海道南部〜琉球・小笠原、朝鮮南部・中国（中部・台湾）に分布。**花**：花期は8〜9月。枝先か葉腋に集散花序を出す。径2〜3cmの十字に開く白いガク片は4枚線状長だ円形で花弁状をしおり、縁に白毛がある。雄しべ、雌しべともに多数。**葉**：対生で有柄、長さ3〜5cmの卵形か長卵形で、3〜7枚の小葉からなる奇数羽状複葉。**果実**：倒卵形のそう果であり、宿存する花柱が長い羽毛状になる。

**この植物について**：仙人草。花が終わると花柱が伸びるのだが、それに白くて長い毛が密生する。それを仙人の髭や白髪にたとえたと言われる。これが羽毛の役割を果たすので、種子は風にのって飛ばされる（風散布）。路傍、林縁のほか、林内にも生える。夏の終わりから初秋にかけて多数の雄しべがよく目立つ白い花が集まって咲く。卵形の小葉の脈が顕著であるのがちょっとした目印である。**注意**：有毒で茎葉の汁に触れると腫れたり水ぶくれになるので注意が必要。（齊藤・栗原）　　　　　学内での分布：E-4

花序

## ヨウシュヤマゴボウ *Phytolacca americana* / pokeweed, inkberry

**大きさ**：1～2mの多年草。**分布、原産地**：北米原産、日本各地。**花**：花序は総状に斜上し、径約5mmの花をつける。わずかに紅色を帯びた白色で、花弁状のガク片が5個ある。子房は緑色のカボチャ状。**葉**：卵形～楕円形の薄い葉質で直径10～30cm。互生し、秋には紅葉する。**果実**：偏球形の液果で直径7～8mm。緑色から紫、黒色に熟す。

**この植物について**：洋種山牛蒡。丸く大きな葉と太い幹をもち、低木と見間違うくらい大きくなる多年草である。その名のとおり、北アメリカ原産の植物で、明治時代初期に持ち込まれ現在ではごく普通にみられる帰化種のひとつである。路傍、空き地、荒れ地などでよく目にする。赤みを帯びた太い茎が特徴的である。ぶどうのような液果を房状につけ、熟すと緑色から黒色になる。液果をつぶすと赤紫色の汁が出るので、アメリカではインクベリー（inkberry）と呼ばれる。ただし、有毒なので食べてはいけない。（齊藤修）

学内での分布：F-4

ヤマゴボウ科　秋　225

アカザ

アカザの果実　　　シロザ

## アカザ　*Chenopodium album* var. *centrorubrum* ／ fat hen, white goosefoot

**大きさ**：1m程度の1年草。**分布、原産地**：中国原産。北海道、本州、四国、九州、沖縄、台湾、朝鮮半島、中国、モンゴルに分布。**花**：花期は8〜10月。花のつき方は円錐花序で、茎のところに枝分かれして短い穂を出し、1〜1.5mmの黄緑色の小花をつける。**葉**：葉は互生し、角状卵形から卵形、縁には波形の鋸歯がある。若い葉は表裏に赤い粉状の毛がある。**果実**：がくが伸びて包む包果で、赤い五角形である。

**この植物について**：若葉の赤味の強いものをアカザ（藜）、白いものをシロザ（白藜）といい、アカザはシロザ（*chenopodium album*）の変種である。アカザ科には食用になる仲間が多く、ホウレンソウやオカヒジキはこの科に属する。アカザもかつては食用として栽培されていた。成長が早く、茎は古くなると固くなるので杖の材に用いられる。軽くて弾力があるらしい。七福神の寿老人の持つ杖はアカザの杖であるという。（栗原佐智子）

学内での分布：空き地など

## **イタドリ**　*Polygonum cuspidatum* ／ Japanese knotweed

**大きさ**：30〜150cmの多年草。**分布、原産地**：北海道〜九州・奄美諸島、朝鮮・中国（本土・台湾）、北アメリカに分布。**花**：花期は7〜10月。葉腋に穂状花序が円錐状に集まり多くの白い花をつける。雌雄異株で花被片5個、雄しべ8個、花柱3個、柱頭は房状。雌花は外花被片が花の後、肥大して翼となってそう果を包む。**葉**：長さ6〜15cmの卵形か広卵形で裏面は緑色、互生する。基部はふつう切形、托葉鞘は薄い膜質で縁毛がない。**果実**：翼があるのが特徴である。扇形に発達したがくに包まれる3稜形のそう果。

**この植物について**：虎杖。茎が太く直立し、先の方で弓なりに曲がる。名は「痛み取り」に由来する。変異が著しく、次のように区別される。日本海側に分布するケイタドリは葉の裏に突起毛があり、伊豆諸島に分布するハチジョウイタドリは葉が厚く光沢がある。花および果実が赤く染まるメイゲツソウ、高山の礫地に生えるオノエイタドリは草丈が低く茎は充実して中実に近く美しい赤色果実をつける。若芽は酸味があり塩漬けにして食用にする。シュウ酸を含むため多食すると下痢や尿路結石の原因になることがある。（高橋京子）　　　　学内での分布：K−4 他

イヌタデの白花

## イヌタデ　*Persicaria longiseta* ／ *tufted knotweed*

**大きさ**：20～50cmの1年草。**分布、原産地**：北海道～琉球に普通。千島、樺太、朝鮮、中国、ヒマラヤ、マレーシアに分布。**花**：花期は6～10月。茎頂に1～5cmの穂状の総状花序を出し、花弁のない小花を密につける。ガクは深く5裂する。ガクは1.5～2mmで紅または白色。**葉**：互生し3～8cm、広披針形、両端は鋭形。托葉鞘は無毛か脈上に荒い毛があり筒状で、縁毛は長い。**果実**：そう果は3稜形、黒色で光沢があり長さ1.5～2mm。
**この植物について**：犬蓼。茎の下部は地面を這い、上部は立ち上がる。別名アカマンマ（赤飯）。蕾（つぼみ）を赤飯に見立てて子供時代にままごとをした思い出のある人は多いかもしれない。花は一度には開かず小さいので注意してみないと分りづらい。薬味や刺身のつまに用いられる同属のヤナギタデには辛味があるが、これにはない。イヌというのは辛味のない（役に立たない）タデという意味でオオイヌタデと同じである。葉の表面の中央にはぼんやりと黒い斑があるようだ。葉の基部につく小さな葉のようなものを托葉というが、タデ科ではこれが茎をとりまく托葉鞘となって特徴となっている。（栗原佐智子）
学内での分布：各所の路傍に普通

### オオイヌタデ *Persicaria lapathifolia* / curlytop knotweed

**大きさ**：1〜1.5mの1年草。**分布、原産地**：北海道、本州、四国、九州、北半球に広く分布。道ばた、荒れ地生息している。**花**：枝先に長さ3〜7cmの穂状の花序を出し、花穂は先端が垂れ下がる。4〜5裂するガクからなる花弁のない淡紅色または白色の花を多数密につける。**葉**：披針形か楕円状披針形の互生であり、側脈明らかで、20〜30対。先端はとがり、両面に荒い毛が生える。托葉は筒状でふちに毛はない。**果実**：そう果は平たい円形で黒褐色。果実を包む花被には明らかな脈がある。
**この植物について**：大犬蓼。イヌタデ（アカマンマ）は学内各所の足もとで見られるが、オオイヌタデは比較して非常に大きい。花穂は大きく、色も白っぽい。これをご飯に使ってままごとをしたら、楽しいだろう。イヌ、という言葉は「役に立たない（食べられない）」という意味で使われ、蓼の仲間ながら辛味が無いのでこのように言われているようだ。日本には比較的新しく入った帰化植物。（栗原佐智子）　　　　学内での分布：I-7

## クワクサ　*Fatoua villosa* ／ hairy crabweed, mulberry weed

**大きさ**：30〜60cmの1年草。**分布、原産地**：本州・四国・九州、中国に分布。**花**：花期は9〜10月。葉腋に雄花と雌花が混じり合い集散花序をつくる雌雄同株である。花弁はなく、雄花の花被片は4裂、雄しべは4本で、雌花の花被片は6裂である。**葉**：長さ5〜8cmの卵形で基部は平たく、先端は鋭く尖っており縁には粗い鋸歯がある。互生で柄がある。表面は毛があってざらつく。**果実**：そう果は球形、下半分が液質で、成長につれてふくらむ圧力で種子を弾き飛ばす。

**この植物について**：桑草。葉が養蚕に使用する同属の桑に似ているのでクワクサというがそうでもない。よく観察すれば、花が桑に似ているのが分る。葉の脇に固まって咲く小さな花の中には雄花と雌花が混在する雌雄同株。草丈の低い地味な雑草である。地味な植物は拡大して観察すると意外な美しさに出会うことが多く、クワクサも同様に紫色がかったガク片と白い花が可愛らしい。（栗原佐智子）　　学内での分布：各所の路傍

アベマキ左とクヌギ右：
殻斗や堅果での区別は難しい

参考：アベマキ

参考：アベマキ

## クヌギ  *Quercus acutissima* ／ sawtooth oak

**大きさ**：約15mの落葉高木。**分布、原産地**：本州（岩手県・山形県以南）・四国・九州・琉球の山地、丘陵地にふつうに見られ、朝鮮・中国（台湾・大陸）・インドシナ半島からヒマラヤにかけての広い地域に分布。**花**：花期は4〜5月。黄褐色で長さが7〜8cmの雄花序が新枝の葉腋につき、雌花序は新枝の上部に1〜3個つく。**葉**：長さ8〜15cmの長楕円状披針形で、縁には針状の鋸歯がある。有柄で互生。側脈は12〜16対で鋸歯の先端でノギとなる。枯葉は新枝の伸びる頃に落葉する。**果実**：堅果は直径2cmの球形と大形で、殻斗は椀状、細長い鱗片が多数つく。翌年の秋に成熟する。

**この植物について**：橡・椢・櫟。アベマキはクヌギに似ているが、樹皮のコルク層がより厚い点と葉の裏面に毛がある点で区別できる。アベマキは「あばたまき」（樹皮のコルク層があばた状）から、クヌギは「クリニギ」（栗によく似た栗似木）から来ていると言われている。両者とも薪炭材、シイタケ原木として利用されるが、アベマキはコルク層が厚いためにクヌギに劣る。ワインの栓などに使用するコルクの原料は、地中海沿岸に生育するコルクガシだが、第二次世界大戦中から戦後しばらくの間はアベマキのコルクで代用したという。（齊藤修）

学内での分布：I-4 他

ブナ科 秋

## アラカシ *Quercus glauca* ／ ring-cupped oak

**大きさ**：約20mの常緑高木。**分布、原産地**：本州（宮城県・石川県以西）・四国・九州、朝鮮（済州島）・中国（台湾・大陸）・インドシナからヒマラヤにかけて広く分布。**花**：花期は4～5月。長さ5～10cmの黄色い雄花序を垂らし、上部の葉腋に雌花を1～3個つける。**葉**：長さ5～10cmの広楕円形～倒卵状だ円形で革質、表面は光沢があり、裏面は灰白色で上半部に鋭い鋸歯が数個あり、先端は尾状に尖る。**果実**：堅果で長さ1.5～2cmの球状楕円形、殻斗は椀状で6～7個の環がある。果期は10～12月。

**この植物について**：粗樫。関西地方以西に最も一般的なカシである。和名は枝葉が堅くて、粗大であることに由来するらしい。アカガシやツクバネガシに似ているが、葉の先端部に粗い鋸歯があることで区別できる。公園木、生け垣、屋敷林などによく利用される。材は堅くて丈夫であるため、鎌や鍬の柄などの農機具に使われるほか、薪炭にも使われてきた。（齊藤修）

学内での分布：G-6

## シラカシ  *Quercus myrsinaefolia* / Japanese evergreen oak

**大きさ**：約20mの常緑高木。**分布、原産地**：本州（福島県・新潟県以西）・四国・九州、朝鮮（済州島）・中国（中南部）に分布。**花**：花期は4〜5月。淡緑色の花をつける。雄花序は前年の枝の下に垂れ下がる。雌花序は新枝の葉腋につく。**葉**：長さ5〜12cmの長楕円状披針形で先端は次第に細くなって尖り、縁の上半部に鋸歯があり、薄い革質で光沢がある。互生で柄がある。**果実**：堅果は長さ1.5cmの球形または広楕円形で秋に熟成する。殻斗は浅い椀形で6〜8個の横輪がある。

**この植物について**：白樫。日本の常緑広葉樹の代表的な種で、カシ類のなかでは最も耐寒性がある。樹皮は灰黒色でなめらかで、葉の裏がやや白っぽい。ドングリから発芽した実生や稚樹は耐陰性があり、暗い林床でも生き延びる。そして、上木が枯死したり、折れたりして林冠に隙間（ギャップ）ができるとそこを埋めるように速やかに成長する。庭木や公園木としてもよく植えられる。白い材色からシラカシの名が生まれたという。強靭性のある硬質材で、建築材や器具材（鍬や鎌の柄等）としてよく使われる。(齊藤修)　　学内での分布：H-4他

ブナ科　秋　233

花序

## ウバメガシ　*Quercus phillyraeoides* ／ ubame oak

**大きさ**：5〜7mの常緑小高木。**分布、原産地**：本州（神奈川県以西の太平洋側）・四国・九州・琉球、中国（台湾・大陸）に分布。**花**：花期は4〜5月。新枝のつけ根に長さ2〜2.5cmの雄花序をつけ、上部の葉のわきには1〜2個の雌花序がつく。**葉**：長さ2〜6cmの倒卵形〜長楕円形、革質で表面にはやや光沢があり、裏面は淡緑色である。上半部には鋸歯がある。**果実**：年内はごく小さく、越冬して翌年の秋に成熟する。堅果は長さ1〜2.2cmの卵形で、下部は殻斗に包まれている。
**この植物について**：姥目樫。大きいものは18mに及ぶものもある。炭焼き料理に欠かせない備長炭の原料がこのウバメガシである。もともと海岸近くの環境の厳しいところに自生するが、よく枝分かれするので生け垣用にしばしば植栽される。潮風と乾燥という過酷な環境に耐えて生育するので成長が遅く、年輪が密で日本のカシ類のなかでは最も硬い。木炭は炭焼き窯での消火方法の違いから白炭と黒炭に分類できるが、備長炭は白炭の代表で、たたくと金属質の音がする。（齊藤修）　　学内での分布：G-7 他

234　秋　ブナ科

## コナラ　*Quercus serrata* ／ konara oak

**大きさ**：15〜20mの落葉高木。**分布、原産地**：北海道・本州・四国・九州の温帯下部から暖帯にかけて広く分布。**花**：花期は4〜5月。黄褐色または緑色の花をつける。雄花序は新枝の基部から数本垂れ下がる。雌花序は新枝の先端の葉腋から1〜2個の花をつける。**葉**：長さ7〜14cmの倒卵形または倒卵状楕円形で、先は鋭く尖り、基部はくさび形または円形で、縁にはとがった鋸歯がある。裏面は星状毛と絹毛があり灰白色。互生である。**果実**：1.5〜2cmの楕円形または円柱状長楕円形で、下部は小さな鱗片状の総苞片が瓦状にびっしりついた殻斗に覆われている。

**この植物について**：小楢。日本の平地から山地まで里山の雑木林を構成する代表的な落葉高木であり、1960年代までは薪炭林、その後は主にシイタケ原木林として利用されてきた。ドングリが発芽して実生から大きくなる個体もあるが、通常は伐採した切り株から出る萌芽が育って成木となる（萌芽更新）。薪炭利用では10年前後で伐採され、シイタケ原木では20数年サイクルで伐採される。だが、輸入シイタケや原木を使わない菌床シイタケが国内消費量の3分の2を占めるようになった現在では、各地で放置され、高齢林化が進んでいる。さらに、各地でカシノナガキクイムシによるナラ類の立ち枯れ被害が報告されている。（齊藤修）

学内での分布：F-3 他

花序

## マテバシイ　*Lithocarpus edulis*

**大きさ**：高さ15mの常緑高木。**分布、原産地**：本州・四国・九州・琉球の暖帯〜亜熱帯に分布。**花**：雌雄同株、花期は6月。雄花も雌花も斜上した花序に咲く。ともに長さは9cmほど。**葉**：葉は単葉で互生。葉身は倒卵状長楕円形。長さは9〜26cm。幅は3〜8cm。葉の表面は深緑色で光沢あり。裏面は淡褐緑色。葉縁は全縁。葉先は鋭尖頭または鈍頭。**果実**：堅果は長楕円形または狭形、長さ1.5〜2.5cmほどで褐色。翌年の秋に熟す。
**この植物について**：馬刀葉椎。大型のやや細長いドングリをつける常緑高木。ドングリはそのままでも食べられるので、救荒食として各地に植栽されたという。生長が速く、乾燥にも湿った条件にも耐えるので農家の屋敷林、薪炭林、用材原木林として用いられた。なかでも関東の房総半島では盛んに植林されたようで、山全体がマテバシイの純林で覆われているところが少なくない。移植にも強いため、庭園・公園樹としてもよく使われる。和名の由来には諸説があるが、明らかではない。（齊藤修）

学内での分布：I-4

## クリ　*Castanea crenata*／Japanese chestnut

**大きさ**：15〜20mの落葉高木。**分布、原産地**：北海道（石狩・日高以南）・本州・四国・九州の温帯から暖帯、朝鮮半島中南部に分布。**花**：花期は6〜7月。淡黄・緑黄色の花が咲く。雄花序はひも状で新枝に密につき、雌花序は雄花序の下に2、3個集まっている。**葉**：長さ8〜15cmの長楕円状披針形で先端は尖り、基部は鈍形か円形で、互生である。側脈は15〜23対でその先端は突きだしてノギ状となっている。**果実**：「いが」と呼ばれる棘が密生した殻斗に包まれており、9〜10月ごろに熟すと殻斗が4裂し、1〜3個の果実がこぼれ落ちる。

**この植物について**：栗。秋の味覚の代表格であるクリには、クリ園などで栽培される栽培品種と在来のヤマグリがある。ヤマグリは生のままでも甘みがあって食べることができる。クリタマバチが虫こぶをつくって木を弱らせる病気が各地のクリ林で広がったことから、抵抗性クリ品種が開発され普及した。欧州にも日本のクリとよく似たセイヨウグリがあり、日本と同様に重要な秋の収穫物となっている。材は堅くて腐りにくいので、建物の柱や土台、鉄道線路の枕木などに使われる。（齊藤修）

学内での分布：H-4

ブナ科　秋　237

ヒガンバナの白花

# ヒガンバナ　*Lycoris radiate* ／ red spider lily, hurricane lily

**大きさ**：30〜50mの多年草。**分布、原産地**：北海道〜琉球に分布。中国が原産地。**花**：花期は葉が全部なくなった後9月中旬頃。高さ30〜50cm程に伸びた花茎の先端に5〜6個の花を散形状につける。花被片は細長く縁は縮れ、外側へ反り返る。雄しべ、雌しべは長く伸びて花の外に突き出ている。**葉**：濃緑色で線形。花が終わるころに、地下の肥厚した鱗茎からすみやかに伸びて20〜30cmになる。幅6〜8mm。新緑色の光沢のある線形の葉が晩秋に現れて束生し、冬を越して春が来ると枯れる。**果実**：日本のヒガンバナはほとんどが3倍体（3n=33）で、種子は普通できない。

**この植物について**：堤や墓地、田のあぜなどに多い。秋の彼岸のころ赤い花をさかせるので彼岸花と呼ばれる。赤い花を意味するマンジュシャゲ（曼珠沙華）の別名があるが、本来サンスクリット語のマンジューシャカは別の植物の名前である。ヒガンバナの鱗茎にはリコリン、ホモリコリン、ガランタミンなどのアルカロイドが含まれ、誤って食べると嘔吐、下痢、神経麻痺などがおこる。毒抜きすれば食用として利用できる。漢方では去痰剤や吐瀉剤に使う。日本への渡来、分布については、人里近くに野生するので米食民族が救荒植物として持ち込んだという説、史前帰化植物説、地質時代から野生説、中国からの漂着説など、いくつかの説がある。白花は園芸品種としても栽培されている。（高橋京子）

学内での分布：G-4、K-4他

熟した液果

雌花

## サルトリイバラ　*Smilax china* ／ China root

**大きさ**：70〜350cmのつる性常緑木本。**分布、原産地**：日本各地に分布。北海道〜九州、朝鮮・中国・インドシナに分布。**花**：花期は4〜5月。葉腋より黄緑色で散形花序につき、直径5mm以下で目立たない。散形花序となって多数の淡黄緑色の花をつける。雌雄異株であり、互生である。反り返る花被片6枚、雄花には雄しべ6本、雌花には仮雄しべ約3本と雄しべ1本がある。雌花には3室の子房があり、柱頭は3個である。**葉**：互生し、葉身は革質で基部は円く、両面に光沢があり円形または広楕円形、先は短く尖る。単子葉植物には珍しく網状の脈があり、全縁3〜5脈ある。葉柄に節がある。**果実**：球形で、径が7mm前後の10〜11月に赤熟する液果である。
**この植物について**：猿捕茨。別名を山帰来（さんきらい）という。つる性で枝に鉤状の棘がまばらについており、この棘と葉柄の巻きひげで他の物にからみついて茎を伸ばす。和名は棘に猿がひっかかるという連想に由来するらしい。若葉をゆでて食用にしたり、西日本では葉で餅を包んだりする。かつて日本漢方では、清熱解毒・駆梅の効能があるとして土茯苓（ドブクリョウ）の対用品として用いられていた。近年中国では土茯苓と同様に消化器癌の抗癌薬として研究されている。草地、林内、林縁を主な生育地とするが、キャンパス内の竹林内でも時々見かける。朱赤色に熟す液果が美しいので、生け花の材料によく使われる。
（高橋・齊藤）　　　　　　　　　　　　　学内での分布：G-4、I-5

ユリ科　秋　239

## ツルボ　*Scilla scilloides* ／ Japanese jacinth

**大きさ**：20〜40cmの多年草。**分布、原産地**：北海道（西南部）、本州、四国、九州、沖縄、朝鮮半島、中国、台湾に分布。**花**：花期は8〜9月。紫色の花をつける。葉の間から花茎を立て、総状花序がつく。花は密に多数つく。倒披針形で長さ3〜4mmの花被片が6枚平らに開き、雄しべは6本、花被片と同長。花糸は紫色で糸状。雌しべは1本である。**葉**：長さ10〜25cm、幅4〜6mmの線形で、内側は浅くくぼみ、厚くて柔らかい。**果実**：長さ5mmで楕円形のさく果である。

**この植物について**：蔓穂。草丈はあまり高くないが、花の少ない夏から秋にかけての草むらでは紫の花が目に付き、群れて咲く姿は心休まる風景だ。ヤブランに似るが葉が目立たず、花茎に総状につく紫色の小花は下から咲いてゆく。鱗茎は卵球形で2〜3cmあり、デンプンを含むため、かつては救荒食として用いられたらしい。ツルボ属は日本に1種。別名をサンダイガサ（参内傘）というが、長い傘を畳んだような形にも見える花である。
（栗原佐智子）　　　　　　　　　　　　　学内での分布：I-5、J-5

### タマガヤツリ　*Cyperus difformis* ／ variable flatsedge

**大きさ**：10〜30cmの1年草。**分布、原産地**：北海道〜琉球、ほとんど全世界の暖地に分布。**花**：花期は8〜10月。長楕円形で長さ2mm内外の小穂を10〜20個2列につける。枝の先端に径8〜15mmの褐紫色の小穂が集まって球形となる。**葉**：幅2〜5mmの細い線形で先端は次第に尖り、根もとから立つ。また茎の先端に苞葉が2〜3枚ある。**果実**：倒卵形で長さ0.5mmのそう果である。3稜状の黄白色で上端は少しへこむ、りん片があり、花柱は3裂している。

**この植物について**：玉蚊帳吊。日本全国の水田など水辺の近くで見られる1年草で農耕地の雑草として知られる。学内では犬飼池の周辺で観察された。黄緑色のポンポンのような球形の花穂がつくのでこの名がついた。花穂は割合大きく、打ち上げ花火のようで種子が熟すにつれ紫褐色になっていく不思議な色合いが目に付きやすい。カヤツリグサ科に多い特徴として茎の断面は3角形になっているのが触れてみると分かる。（栗原佐智子）

学内での分布：I-4

カヤツリグサ科　秋

小穂

## シマスズメノヒエ *Paspalum dilatatum* / dallisgrass

**大きさ**：50〜100cmの多年草。**分布、原産地**：南米原産。暖帯〜熱帯にかけて広く分布。**花**：花期は6〜9月。花序の枝を5〜10本だす。1つの枝の長さは6〜10cm程度。枝の付け根には長い毛が束生。小穂は枝の下面に3〜4列つく。花は緑色であるが黒紫色の柱頭が目立つ。また小穂の縁には長い絹毛が生えている。**葉**：葉は長さ10〜40cm、幅1cm前後の線形。色は淡い緑色。毛はない。互生。**果実**：穎果。種子・地下茎で繁殖。
**この植物について**：島雀稗。雀の食べるヒエという意味ではなく、ヒトの食べるものより小さいことの例え。小笠原の島で最初に発見されたのでシマと付く。黒紫色の葯と柱頭が目立つせいか、スズメノヒエの仲間は毛虫のようにも見える花なので一見気持ちが悪く、子供の頃にもこれでは遊んだ記憶がない。似たものにスズメノヒエ、タチスズメノヒエ、キシュウスズメノヒエ、アメリカスズメノヒエなどがあるが、茎葉に毛がなく、花序の茎の付け根には長い毛があるのが特徴。アメリカスズメノヒエは花序がV字に立ち上がり、キシュウスズメノヒエはこれより少し小さい。（栗原佐智子）　　学内での分布：各所

参考：アメリカスズメノヒ

参考：赤味がかったススキ

ススキのノギ

# ススキ　*Miscanthus sinensis* ／ eulalia, euly

**大きさ**：1～2mの多年草。**分布、原産地**：南千島・北海道～琉球、朝鮮・中国、台湾、サハリンに分布。**花**：花期は8～10月。淡黄褐色の花をつける。花序は長さ20～30cmの散房花序で多数の枝を分け、枝は基部から先端まで2小花からなる小穂をつける。**葉**：幅1～2cmで根もとから茎につく葉がある。縁は鋭い鋸歯があり手を切りやすく、上部の基部には毛がある。長さ2mmの葉舌があり縁は長い毛がある。**果実**：穎果には白い毛がはえ、風によって散布される。稔っても簡単には穂から離れず、強風時に少しずつ離れていく。

**この植物について**：薄または芒。秋の七草の1つである。別名を萱といい、葉を取って茅葺屋根の材料に使われてきた。萱はチガヤ、ヨシなどの屋根を葺く材料の総称である。良く似たオギはススキが比較的乾いた場所に生えるのに対し、河原のような湿った場所に群生し、フサフサした穂につく小穂にトゲのようなもの（ノギ）がない。箱根の仙石原や奈良の若草山や阿蘇の山焼きはススキの原を維持するのに必要である。（栗原佐智子）

学内での分布：H-5 他

イネ科　秋　243

真冬に立ち枯れた花穂

## メリケンカルカヤ *Andropogon virginicus* ／ broomsedge bluestem

**大きさ**：60〜100cmの1年草。**分布、原産地**：北米原産。本州、四国、九州に分布。**花**：花期は9〜10月。花は花弁などを失い、雌しべは長くて毛が生えていることが多い。また、花序が変形した小穂（長さ3〜4mm）と呼ばれる偽花を単位とし、これが集合して穂を形成する。**葉**：長さ3〜20cm、幅3〜6mmの線形。細長く、薄いものが多い。葉は根元から生える根出葉と、茎の途中に生える茎葉がある。**果実**：小穂内の子房が成熟した果実を穎果と呼び、これがさらに外穎と内穎、時には苞穎も加わった籾殻にくるまれる。
**この植物について**：米利堅刈萱。小麦粉のことをメリケン粉といったら今どき笑われるかもしれないが、この植物名の由来も同じくアメリカの（American：アメリケン）カルカヤという意味である。戦後日本に入った帰化植物。カルカヤは屋根葺きに利用されてきた同属の植物。この植物は枯れた後の方が目立つ。真冬になって周囲の植物が枯れたあと、直立した朱色の茎がいつまでも残っている。草木染の黄色の材料になるらしい。（栗原佐智子）
学内での分布：各所の路傍

## イチョウ　*Ginkgo biloba* ／ Ginkgo

**大きさ**：約45mになる落葉高木。**分布、原産地**：中国原産。**花**：花期は4〜5月。雌雄異株。短枝の葉または銀鱗葉の葉腋に、雄花は尾状で淡黄色、1本の軸上に先端に2個の葯がある雄しべを螺旋状に配列し、雌花は緑色で長い柄の先が2つに分かれ、膨らんで花床となって付き、それぞれ1個の裸の胚珠をつける。**葉**：幅5〜7cmの葉は左右相対称に開いた扇形で葉脈は整然と二股に分枝することを繰り返し、末広がりに開出する。これは種子植物では異例である。ほぼ全縁の単葉だが真ん中で深く2つに裂けることも多く、3〜4裂することもある。先端は波状で中ほどに切れ込みができる。秋には美しく黄葉する。長枝では互生、短枝では束生。**果実**：種子は直径約2.5cmの広楕円形で、9月の初め頃花柄の先の胚珠が膨らんで青い実となり、10月過ぎ頃に黄色く熟する。外種皮は黄色で悪臭があり、白くて硬い内種皮はギンナンとして食用となる。

**この植物について**：銀杏または公孫樹。イチョウには植物学でいう果実はなく、実と呼んでいるのは種子である。イチョウ科（Ginkgoaceae）は1属1種で、この科のみでイチョウ目とされる。植物から最初に精子が発見された木として有名である。原産は中国で渡来時期は不明だが、観音堂のある寺院の境内でよく見られることから、観音像渡来と共に僧侶によって運ばれたのではないかと考えられている。種子を「銀杏」「白果」といい、食用や咳止めに用いる。葉の抽出成分はサプリメントなどに汎用される。種皮外層にはビロボールやイチョウ酸が含まれるため、触れるとかぶれて炎症をおこす。（高橋京子）　　学内での分布：F-4 他

# 食糧としての植物
## 遺伝子組み換え植物などバイオと植物の将来

梶山　慎一郎

　有史以来、人類は世界各地で実に様々な植物を栽培してきた。この中には、食用以外の建築材料、工業原料あるいは観賞用や、薬の原料となる植物も含まれるが、最も多品種かつ、広範に栽培されてきたのは、やはり食用植物であろう。長い歴史の中で、その土地に応じた品種改良（育種）が繰り返され、より可食部分が多く、食味が良く、かつ病気や災害に強い品種が作られてきた。まさに農業の歴史は食用植物の品種改良の歴史といってもいいかもしれない。

　一方近年、この品種改良の手段に画期的な新手法、すなわち遺伝子組み換え技術を基盤とするいわゆるバイオテクノロジーが加わった。もともと品種改良は、近縁種や突然変異種との交配によって行われてきたものであり、ある品種に近縁種の遺伝子を導入するという意味においては従来の品種改良も一種のバイオテクノロジーと言ってもよいかもしれないのだが、この従来の交配を基盤とした品種改良と現代のバイオテクノロジーの決定的な違いは、種を超えて外来遺伝子を導入できる点にある。このことは従来交配の不可能だった遠縁の植物の遺伝子はもとより、植物に動物の遺伝子を導入し発現させることすらできることを意味する。

　これは、植物・動物を含む多くの生物が、DNAという巨大分子に遺伝情報をもつという共通の仕組みによるものだが、通常では、当然、動物の遺

### 植物の形質転換方法（*Agrobacterium* 法）

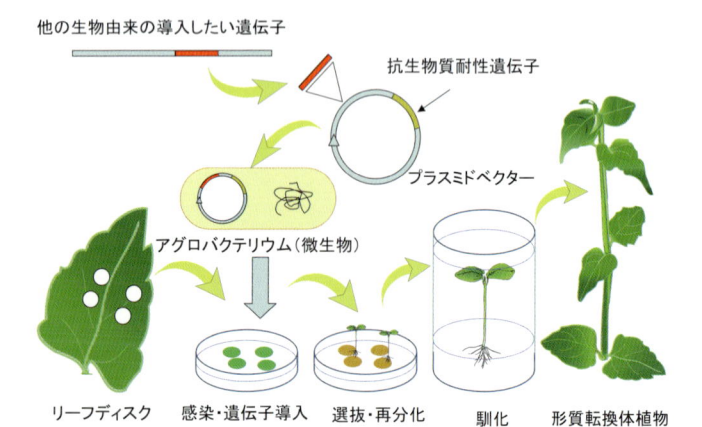

他の生物由来の導入したい遺伝子　　抗生物質耐性遺伝子　　プラスミドベクター　　アグロバクテリウム（微生物）　　リーフディスク　　感染・遺伝子導入　　選抜・再分化　　馴化　　形質転換体植物

伝子が植物に入り込み機能を持つ、すなわち遺伝情報を異種生物から取り込むということは起らない。バイオテクノロジーでは、特殊な方法で細胞の中に別の生物の外来遺伝子を入れ、植物自身が持つDNAの中に組み込ませる。すでにこれまでにこの方法を用いて、除草剤に強い大豆、日持ちの良いトマト、害虫に強いトウモロコシなど多くの食用植物が開発されている。たとえば害虫に強いトウモロコシの場合、ヒトを含む哺乳類には無毒であるが、害虫には毒となるタンパク質を作る微生物由来の遺伝子をトウモロコシに導入している。

遺伝子導入により小麦の遺伝子を導入した稲

　遺伝子組み換え作物、特に食用の作物が一般の人々に受け入れにくい側面を持っているのは、ヒトには無害と言ってもやはり、人工的に導入した遺伝子の産物が、本当に安全かという疑念によるものであろう。しかし、たとえばトウモロコシを育てるには、通常多くの農薬を使用する。農薬も安全性が高いものが用いられているとはいえ、やはり健康へのリスクは当然もっている。先の組み換えトウモロコシを用いれば、農薬の使用量はずっと少なくてすむことを考えると、単純に遺伝子組み換え作物が悪いとはいえないのではなかろうか？　また、温暖化や砂漠化など急速な地球環境の悪化を考えると、乾燥に強い作物や、塩害に強い作物などは従来の品種改良では作出が難しく、バイオテクノロジーを駆使して開発を急がないと将来訪れるであろう大規模な食糧不足や環境変動に対応できない可能性もある。筆者は、バイオテクノロジーを用いる上で注意しなければいけない点はむしろ、別のところにあるように思う。

　すなわち、バイオテクノロジーを用いて形質の良い作物が作られると、世界各地で同じ品種が作られるようになり、品種の画一化が起こる可能性があると思うのである。たとえば、食味、食感ともよく、病気に強い日持ちのするトマトがバイオテクノロジーによって作られたとすると、世界中でこのトマトが栽培されるようになり、どこへ行ってもトマトは同じ味になると言うことが起こりうると思うのである。トマトでも、品種によって、食味や香り、食感は、それぞれ違う。これらがすべて統一されてしまったら、なんとも味気ないことではないだろうか？　日本人は、五味だけでなく、微妙な味わいを理解できる民族である。しかし、この能力も、日々の食卓に上る様々な食材の味、香り、食感によって日々鍛えられているともいえる。たまには、近くの山川に出かけ、四季折々の野草を味わって、味、香りに関する感性を維持しておきたいものである。

# ひだまりに咲くオレンジ色の花
― 基礎セミナー事始め ―

福井　希一

　大阪大学は戦前からある国立総合大学の中では唯一農学部がない。
　農学部はヒトを除く生物全般を対象とする学部であるので、大阪大学で学ぶ学生はいきおいヒト以外の生物、特に植物に関する講義を聴く機会が少なくなる。
　このような事情を考えた末、大阪大学でも植物について学ぶ機会を提供することを目的として、2001年から2年余り基礎セミナーで植物を取り上げている。しかも、少人数教育という点で、古き良き時代の大学教育を再現すべく、人数を4、5名に絞っての開講である。
　昨年はテーマを「植物の不思議な生活」として、植物の持っている種々の一見不思議に見える機能について玉石混合して取りまとめたテキストを輪読した。植物の持つ種々の能力について知るとともに、テキストに書かれている内容を単に信じるのではなく、批判的に読み取る力を養うことを目指し、600ページ余の大部なテキストを3ヶ月あまりで読破したのである。
　セミナーを進めて行く中で、受講生は高校時代に物理、化学しか学習しておらず、生物に対する知識が無い点が問題になってきた。すなわち、植物を理解する為の基礎知識が無いのである。
　そこで、後半の3ヶ月では高校の生物IB、IIの教科書を通読することとした。テキストこそ高校の教科書であるが、進度は大学での講義のスピードと同じで、3ヶ月で2冊の教科書を終わってしまった。したがって昨年の基礎セミナーでは3冊のテキスト合計1100頁を半年弱で読破したこととなる。4人の学生には大変だったことと思う。
　基礎セミナーのハイライトは1泊2日で出かけた京大芦生演習林での実習である。実習で目指したものは、人手の入ってない原生林を実際に見ること、と同時に花の名前を同定する方法を学ぶことであった。
　1日目に宿舎に入ると皆でカレーの夕食を作って食べ、夜にはふたたび、生物の教科書を終わるまで輪読した。打ち上げでは怪談や面白い経験談などで楽しいひと時を過ごした。宿舎の外は漆黒の闇であり、満天の星空には流れ星が走った。
　翌日は朝から原生林の奥へと伸びているトロッコ軌道に沿って川を遡上した。道沿いに少し広くなったところで休憩し、その辺りで咲いている花を採集し、手引書にしたがって植物名を同定した。リンネ以来、植物の種名の同定には花を用いるのである。
　道端に咲いていたオレンジ色を濃くした花が目を引いた。原生林の中の陽だまりでひときわ目立つ花である。葉の葉脈は網目状で、花弁は一つ一

つばらばらになる。これで離弁花類であるとわかる。葉は緑色、花器にはがくと花弁がある。花は放射相称であり、花弁は5枚、めしべは1本、葉は対生で単葉。「ヤッター。なでしこ科だ」。学生が歓声を上げた。図鑑のなでしこ科のページをくると、目の前の花が図鑑の中にそのままの姿で載っている。なでしこ科フシグロセンノウ（*Lychnis miqueliana* Rohrb.）である。説明文には山地の林下に生える多年草とある。

　2001年の基礎セミナーでは、より学問的な方向を目指し、かつ同じ植物でも人間の生活により密接に関係している植物について学習することとした。そのため、テキストを朝倉書店から出版されている『植物の遺伝と育種』とし、これを6ヵ月かけて輪読することとした。

フシグロセンノウ　北隆館　池田健蔵／遠藤博　編　原色野草検索図鑑［離弁花編］平成12年12月10日　初版発行

　金曜日の夕方、教授室で行っているセミナーでは時間を2部に分け、前半60分を総論としてテキストの輪読を行っている。後半は特論として、ラン、アサガオ、イネなど毎回異なった植物を取り上げ、それらの植物がどの様に品種改良されて来たか、その歴史を私が話すこととしている。

　やさしく書かれているとは言え、高校時代に生物を学習しなかった学生諸君にとってテキストに書かれていることを理解し、その上で他の学生にわかるよう

アサガオ石畳咲き　北隆館　米田芳秋／竹中要　著　原色朝顔検索図鑑　昭和56年6月20日新版初版発行

に説明することは容易ではない。研究室の院生がチューターとしてついているが、本年もこの基礎セミナーの学生はハードな勉強を強いられているようである。

　さぁ今年の実習はどうしようか？大阪で実際の品種改良を行っている大阪府立農林技術センターを尋ね、バイオテクノロジーを用いた品種改良を目の当たりに見せてもらおうかと考えている。その後は高野山の宿坊にで

授業風景：野外ワーク

授業風景：さく葉作成

も泊まって打ち上げの試験でもやりますか。（学生より「反対の声」あり）。
　栽培されている美しい花にはそこに至るまでの人々の歴史があり、品種改良には遺伝現象が巧みに使われていることを理解してもらいたいと思っている。そうすれば、毎日食べる米、庭の朝顔などに対する見方もきっと違ったものになるだろう。またこういう知識こそ、大学生に求められている自然科学分野における教養でもあるだろう。[注]

注）大阪大学全学共通教育機構2001年7月「共通教育だより」No.16 掲載の「植物の品種改良入門」の記述を一部編集して再録した。

冬

GSEコモンイースト棟正面

## レンギョウ　*Forsythia suspensa* ／ golden bell flower

**大きさ**：約3mの落葉低木。**分布、原産地**：中国が原産地。**花**：花期は3〜4月。葉の出る前の前年枝に直径2.5cmの黄色4弁花を咲かせる。チョウセンレンギョウ、シナレンギョウに比べ花冠の裂片は丸みを帯びている。**葉**：長さ4〜8cm、幅3〜5cmの広卵形。対生する。縁に鋸歯がある。**果実**：さく果は長さ1.5mm、長卵形、種子に翼がある。**この植物について**：連翹。雌雄異株であり、挿し木で増やすことができる。出雲風土記や延喜式にその名が記載されていることにより、古くに日本に渡来したものと見られている。漢方ではその果実を蒸気で蒸した後、乾燥したものを連翹(レンギョウ)と呼ぶ。抗菌作用があるほか、解熱、消炎、利尿、鎮痛剤として用いられる。詩人の高村光太郎が生前好み、告別式でその一枝が置かれていたことにちなみ、その命日である4月2日を連翹忌と呼ぶ。（福井希一）

学内での分布：E-4

参考：シナレンギョウ

252　冬　モクセイ科

果実

## サンシュユ  *Cornus officinalis* ／ Japanese cornel

**大きさ**：5〜10mの落葉小高木。**分布、原産地**：日本では花木として庭園に栽植される。朝鮮が原産地。**花**：花期は3〜4月。葉が出る前に長さ6〜8mmの総苞片4枚に包まれて黄色4弁花を多数つける。**葉**：長さ4〜12cm、幅2.5〜6cm、対生で両面にT字型の伏毛があり、上面は光沢がある。**果実**：鮮紅色で長さ1.5cmの楕円形の漿果。
**この植物について**：山茱萸。樹皮は暗褐色で鱗状に剥がれやすい。葉の下面葉腋には褐色の毛があり特徴的である。花は葉より先に開き、20〜30個の小花が散形につく。果実は漿果、鮮紅色で生食できる。酸味が強く、熟すにつれて酸味は消えるが紅色は残る。酸味の強い時の果肉のみを薬用とする。春一番に黄色い花を枝一杯に付け、晩秋から初冬には落葉後も赤い実を一杯に付けることから茶花を始め生け花の素材として珍重され、庭木としてきた。旧家の庭先にも古木を見ることが多い。（米田該典）

学内での分布：L-5周辺

ミズキ科　冬

円錐花序　　新芽

## カミヤツデ　*Tetrapanax papyriferus* ／ rice paper plant

**大きさ**：2〜6mの常緑低木。**分布、原産地**：中国中南部が原産。**花**：花期は11〜12月。枝先に円錐花序をだし緑白色の小さい4弁の花を多数つけ、枝の先に円錐花序をつくる。**葉**：70cmほどの大形で、幹の上部に密に互生。葉裏に白い綿毛がある。葉は7裂し、先が浅く2裂する。**果実**：黒熟する。

**この植物について**：紙八手。生長が早く、直径は約10cmとなる。地下茎からまっすぐな幹をたくさん出し、葉はその先に集まってつく。別にツウダツボク（通脱木）、ツウソウ（通草）という名もある。元来は台湾と中国南部に野生するものであるが、日本では観賞用に植えられており、紀州、九州から琉球半島、たまに関東地方でも見られる。カミヤツデ属（*Tetrapanax*）はこの1種だけである。ヤツデ属（*Fatsia*）と近縁であるのでヤツデに似ているが、薄くて裏に白い綿毛があり、列片の先は矢筈状に裂けている。（高橋京子）

学内での分布：E-4

254　冬　ウコギ科

花と若い果実

新芽

## ヤツデ　*Fatsia japonica*／Japanese aralia

**大きさ**：2〜3mの常緑低木。**分布、原産地**：本州（茨城県以南）・四国（太平洋側）・九州（南部）に分布。**花**：花期は10〜12月。直径5mmほどの白色5弁花で、茎の先に多数、円錐状に集まる。**葉**：長さ20cm。掌状に6〜12個深く裂け、互生する。表面に光沢がある。**果実**：直径8mmの球形で、冬から春に黒熟する。

**この植物について**：八手。別名、天狗の葉団扇と呼ばれるように葉は天狗が持っている団扇とされている。ヤツデは虫媒花であり、花序の一番上から開花し、まず雄しべが現れる雄性期を経て、花びらと雄しべが落ちた後、雌しべが花粉を受け入れる雌性期を迎え、同じ個体の中での近親交配を避けるための仕組みを持っている。（福井希一）　　　学内での分布：F-4 他

ウコギ科　冬

サザンカ「朝倉」

## サザンカ　*Camellia sasanqua* ／ sasanqua

**大きさ**：3〜10mほどの常緑小高木。**分布、原産地**：本州（山口県）・四国（南部および南西部）・九州（中南部および壱岐島、西岸の島嶼）・琉球に分布。**花**：花期は10〜12月。ツバキに似た5弁花で、色は淡紅色、濃紅色、白色などである。枝先に1個ずつ咲かせるが、花糸は基部だけ癒合し、子房に密毛がある。花弁が1枚ずつ落ちる点がツバキと異なる。**葉**：葉は光沢があり、楕円形で、低鋸歯がある。長さ約3cm、厚くて硬い。**果実**：直径3cmほどの球形で、熟すと3裂する。

**この植物について**：漢字では山茶花と書き、サンサカが訛ってサザンカになったとの説もある。江戸時代にヨーロッパに伝わり、広まるにしたがって多くの新しい品種が生みだされた。わが国ではそのひっそりとしたたたずまいが茶人に好まれれた。「山茶花の花や葉の上に散り映えり」高浜虚子（福井希一）　　　　　　　　　　　　　　　　学内での分布：G-5 他

ヤブツバキ  「乙女」  「南蛮紅」

## ツバキ  *Camellia japonica* ／Camellia

**大きさ**：5～6mの常緑小高木。**分布、原産地**：本州から九州（中南部および壱岐島、西岸の島嶼）・琉球に分布。**花**：花期は11～4月。葉腋に直径5～8cmの5弁花をつけ、花弁は基部で合生、花冠は赤～白色である。花弁は5個。雄しべは下の方で合着し、さらに花弁とも合着しており、散るときには花ごとおちる点がサザンカと異なる。**葉**：長さは6～12cmの長楕円形～広楕円形で、上面に光沢があり、無毛。縁に鋸歯がある。**果実**：直径3～4cmの球形の赤色を帯びたさく果。木化した中軸に、1～5個の黒い種子があつまって入っている。

**この植物について**：通常ツバキというと自生種のヤブツバキ（藪椿）を指す。日本原産。日本書紀や万葉集にも登場。新潟県、長崎県の木。春の季語ともなっている。萼の部分から花弁が一まとまりになって落下するので首が落ちる不吉な花として武士階級では取り扱われたという。種子からは椿油がとれ、食用、整髪料として用いられた。江戸時代には品種改良が進み、八重咲きや斑入りなど多くの園芸品種が生まれた。（福井希一）

学内での分布：H-5 他

ツバキ科 冬 257

雄花

果実

雌花

# ヒサカキ　*Eurya japonica*

**大きさ**：5mほどの常緑低木。**分布、原産地**：本州（岩手県・秋田県以南）・四国・九州・琉球（西表島まで）・小笠原（硫黄列島を含む）、朝鮮南部に広く分布。**花**：花期は3〜4月。雌雄異株。葉腋に直径5〜6mmの白色5弁花を数個ずつつけ、独特の香りがする。雄花にはピンク色もある。**葉**：長さ3〜7cm、幅1〜3cmの倒卵形で光沢があり、縁に鋸歯があり、互生する。**果実**：直径4〜5mm、球形で10月頃に黒く熟す。
**この植物について**：姫榊。小さな黄白色の花をたくさん咲かせるが、葉の付け根や枝の下側に下向きにつくのであまり目立たない。しかし、花からは都市ガスの付臭剤に似た独特の強い匂いするのでそれと気づく。和名はサカキ（榊）に似ているが異なる非サカキ、あるいは姫サカキが転じたとする説などがある。関東地方ではサカキの代わり、枝葉を神事に使う。刈り込みに強く、耐陰性も強い。庭木によく使われるが、雑木林や照葉樹林のなかでもごく普通にみられる。（齊藤修）

学内での分布：F-4、G-3 他

参考：よく似たハマヒサカキ

# ウメ　*Prunus mume* ／ Japanese apricot

**大きさ**：8〜10mの落葉小高木。**分布、原産地**：中国中部が原産地。**花**：花期は2〜3月。花は葉が展開する前に開き、一般には白または紅色の5弁花が咲く。八重咲きの品種もある。**葉**：楕円形または卵形で、長さ4〜10cm、幅2〜5cm。縁には細かい鋸歯があり、葉面には幼時には細かい毛があるが、やがて落ちるが葉脈に沿ってのみ短柔毛が残る。葉柄は1cmほどである。**果実**：直径1〜3cmの球形。
**この植物について**：梅。小枝は細長く当年枝は緑色。原産は中国であろうが、九州北部にもあったとする説があって、植物系統学には課題を提供している。ウメは花ウメと実ウメに大別できる。キャンパスにあって見かけるウメは多くは花ウメで比較的若木が多い。園芸品種が300種以上もあり、古来日本人の生活に馴染んできたことから様々な利用があったが、近年は冬季に観賞できる花をもとめたのであろう。その結果、見かけや開花時期は様々で、アンズやモモと見間違うようなウメもあるが、葉柄の長さや葉の形状は特徴的であるので傍に寄って手に取れば間違うことはない。（米田該典）

学内での分布：H-4、J-6

バラ科　冬

# ビワ　*Eriobotrya japonica* ／ loquat, Japanese medlar

**大きさ**：10mほどの常緑高木。**分布、原産地**：本州（西部）・四国・九州に分布。中国が原産地。**花**：花期は11〜1月。芳香のある直径1cmほどの白い花々が枝の先端の円錐花序に70〜100個次々と咲く。ガク裂片と花弁は各5つ、雄しべ20本、花柱5本が基部でつき、子房下位である。**葉**：長さ15〜25cm、幅3〜5cmと大きい倒卵形で、表面は光沢のある濃緑色で裏面に密毛があり互生する。**果実**：直径4cmほどの倒卵形。野生のビワの実は直径2cmほどで小さい。果実の小さい在来種では6月頃、1花序に10〜15個も結実する。夏に黄熟し、種子は光沢のある褐色で数個ある。

**この植物について**：枇杷。若いうちは幹がまっすぐに伸びるが、生長するにつれて半円形の樹冠をつくる。ミツバチにより受粉する。冬の寒さにあたると実が少なくなる。古くから果樹として栽培され、中国では5世紀、日本では10世紀には利用されていたらしい。東アジアからヒマラヤにかけて約20種が知られるが、日本には1種しかなく、野生ビワは果実の小さな丸ビワのみで、形や大きさの変異は少ない。現在の栽培種としては「茂木」と「田中」の2種が主であるが、これらの種子は、ともに中国への玄関口であった長崎から入手したものであるため、どちらも中国系の唐ビワから発していると考えられる。（高橋京子）

学内での分布：H-3、J-5

# ユキヤナギ　*Spiraea thunbergii*／Thunberg's meadowsweet

**大きさ**：1〜2mの落葉低木。**分布、原産地**：本州（関東以西）・四国・九州の山地の川岸岩壁や岩礫地、中国に分布。**花**：花期は3〜4月。前年枝に無柄の散形花序を多数つける。直径8〜9mmの白色5弁花が5〜6輪が束になってつく。**葉**：長さ2〜4.5cm、幅3〜6mmの狭披針形で互生する。先は鋭くとがり、縁に鋸歯がある。**果実**：袋果は無毛で10月頃成熟し、5つ星状につき開出する。

**この植物について**：雪柳。日本では古くから庭木、生け花に利用されている馴染みの深い花木である。室町時代の「尺素往来(せきそおうらい)」に「庭柳」としてでているので、日本ではそれ以前から栽培されていたようである。コゴメバナ（小米花）、ココメヤナギ（小米柳）とも呼ばれる。庭園、公園などに植栽されているが、自生地は川沿いの岩場である。（上田サーソン圭子）

学内での分布：F-5、J-6、M-5 他

袋果

バラ科　冬

### ボケ *Chaenomeles speciosa* / flowering quince, Japanese quince

**大きさ**：2～3mの落葉低木。**分布、原産地**：中国が原産地。**花**：花期は4～5月。雌雄同株。枝先に直径3～5cmの花を数個つけるが、大部分は雄花で果実を結ぶのは少ない。赤やピンクなどがある。**葉**：長さ5～8cm、幅2～4cm、楕円形、長楕円形で光沢がある。**果実**：長さ8～10cmの楕円形。7～8月ごろ黄熟する。

**この植物について**：木瓜。ボケというのは初めて聞いたらびっくりするような名だが原産地である中国からもたらされたときにモッケという発音がなまってボケに転じたとされる。園芸品種があり、花は可憐。しかし枝には鋭い棘があり注意が必要。果実は意外に大きく、瓜の実のように見える。果実は焼酎に漬ける人もいるが、生薬として利用されている。同属の花が良く似たものにクサボケという丘陵などに自生する植物があり、花も実もボケに似ており生薬の木瓜の代用となる。これは草丈が足元程度である。
（栗原佐智子）　　　　　　　　　　　　学内での分布：F-4、H-5

## トサミズキ　*Corylopsis spicata* ／ spike winter hazel

**大きさ**：2～3ｍの落葉低木。**分布、原産地**：高知県に分布。**花**：花期は3～4月。葉の出る前に枝先や節に7～8個の花からなる穂が垂れ下がる。花は淡黄色の5弁花。**葉**：長さ5～10cm、幅3～8cm卵円形で表面の脈はへこんでいる。裏面は粉白色。**果実**：直径1cm程度のさく果で、毛が多く、熟すと2つに裂ける。
**この植物について**：土佐水木。春を告げる花として庭木に多く用いられる。挿し木で繁殖することができる。高知県のマグネシウムや鉄を多く含む変成岩である蛇紋岩地帯や石灰岩地帯などに自生する。明治の初期に英国に紹介され、その後、園芸種としてヨーロッパ各国に広がる。（福井希一）

さく果

学内での分布：L-5周辺

マンサク科　冬

## マンサク　*Hamamelis japonica* ／ Japanese witch-hazel

**大きさ**：3～5mの落葉低木。**分布、原産地**：本州（関東地方西部以西）、四国、九州の山地の林内。**花**：花期は2～3月。葉が出る前に、前年の枝に黄色いひも状の4弁花を数個ずつつける。ガク片は紫紅色。**葉**：長さ4～12cmの広卵形で縁は波状になり、互生する。**果実**：卵形で硬く、毛に覆われる。
**この植物について**：満作、万作。春に先駆けて先ず咲くからマンサクという由来がもっとも良く聞く。日本には自生種があるが、通常見かけるのは園芸種である。花期に前年の枯れた葉がのこっているのは中国原産のシナマンサクで、葉がないものはこれと自生種の交雑種の仲間。学内のものもこれであろう。通常光沢のある黄色い紐のような花弁だが、赤いものもある。常緑のベニバナトキワマンサクは同科の別属。秋に咲く仲間はアメリカマンサク（ハマメリス）であり、近年化粧品に配合されるハマメリスエキスはこれが原料のようだ。（栗原佐智子）

学内での分布：L-5周辺

参考：ベニバナトキワマンサ

## ナンテン　*Nandina domestica*／nandina

**大きさ**：1～2mの常緑低木。**分布、原産地**：中国南部原産、日本の暖地に野生化。**花**：花期は6月。直径6mmの白色6弁花で枝先に多数集まる。**葉**：長さ20～30cmの3回羽状複葉で互生。小葉の柄に関節があり、ばらばらに落ちる。葉は茎の先に集まってつく。**果実**：直径6～8mm、球形、冬に赤く熟し、中に2個の種子がある。

**この植物について**：南天。属名*Nandina*は和名が由来。日本では難転、難を転ずる、として古くから縁起の良い木とされ葉を目出度い料理に添えたり、手洗いの裏手に植えられたりしてきた。また、真冬に付く赤い果実は雪景色に映え、筆者は母に教えられて雪ウサギの目にこの実を、ヤブランの葉を耳に使って遊んだ。南天実（ナンテンジツ）として生薬に使用され、のど飴に配合されることもあるので薬効に咳止めがあることは知られている。矮生種にオタフクナンテンという品種があり、豊中キャンパス学生交流棟で見られるが樹高は膝の高さほどで紅葉が美しい。（栗原佐智子）

学内での分布：G-5、H-3 他

メギ科　冬

果実

# ヒイラギナンテン  *Mahonia japonica* / Japanese mahonia

**大きさ**：1〜2mの常緑低木。**分布、原産地**：アジアと北アメリカに分布。**花**：花期は3〜4月。直径6mmほどの黄色6弁花。茎頂に多数集まり、10〜15cmの総状となって咲く。**葉**：茎の頂部に集まってつく。ヒイラギに似た硬い多数の小葉からなる奇数羽状複数。各小葉は長さ3〜4cmの長卵形で、質が厚く、光沢があり、大きな鋸葉がある。**果実**：7mm、楕円形で青黒色に熟す。
**この植物について**：柊南天。江戸時代に薬用、観賞用として渡来した。挿し木や実生によっては増やすことができる。名前の由来は、葉はヒイラギに、実はナンテンに似ていることから。中国では葉を解熱・咳止め、根を干したものを解熱、解毒薬として用いるとされる。わが国では玄関先に「魔よけ」として植えられる。（福井希一）　　学内での分布：F-5、H-6

ニホンスイセン（八重）

## スイセン  *Narcissus tazetta* ／ narcissus, daffodil

**大きさ**：20～40cmの多年草。**分布、原産地**：本州（関東以西）・九州の海岸、地中海沿岸からアジア中部・中国に分布。地中海沿岸が原産地。**花**：花期は12～4月。ニホンスイセンは白色の花びらが6枚。花冠は2～7cmで中央の黄色い筒は副花冠。園芸種で花冠が黄色のもの、副花冠が赤、黄、桃、のものもあり、八重咲きは副花冠がない。**葉**：長さ20～40cmの線形で、粉白を帯びる。**果実**：果実を結ばず、したがって種子もつけない。
**この植物について**：水仙。冬から早春にかけて開花し、花の少ない季節の花壇を彩り、良い香りを放つ。海岸近くの草地に生育し、観光名所となっているところもある。日本のスイセンは、原産地のものと若干違ったものとなっており、ニホンスイセンと呼ばれる。ギリシャ神話で美青年ナルキッソス（Narkissos）が泉の水面に映った自分の姿に恋して、かなわぬ思いを抱いたまま衰弱死した場所から生えた花とされ、属名にナルキッソスの名前から、*Narcissus*と付けられた。また、西洋スイセンには花の形によってさまざまな分類がされている。（森部光俊）
　学内での分布：各所の斜面など

ヒガンバナ科　冬　267

小葉の断面

## カナリーヤシ　*Phoenix canariensis* ／ canary island date palm

**大きさ**：5〜20mの常緑高木。**分布、原産地**：カナリア諸島が原産地。耐寒性があり、公園や街路に植栽される。**花**：花期は12〜3月。雌雄異種で、葉腋から、長さ約2mの多数枝分かれする花穂を出し、淡い黄色のごく小さな花を密に着ける。花冠は3裂。**葉**：葉は4.5〜6mの大きな羽状複葉であり、100〜200対の小葉がある。小葉の断面はひし型になっている。葉先が尖っている。**果実**：2.5cmの楕円形。
**この植物について**：別名をフェニックスという。フェニックスは不死鳥を意味し、宮崎県の木に選定されている。アフリカ大陸西方のカナリー諸島の原産であるが、寒さに強いことから南関東以南では戸外で生育できる。雌雄異株であり、雌株は黄色からオレンジ色の実をつける。（福井希一）

学内での分布：F-4

葉鞘の繊維

参考：トウジュロは葉先が折れない

# シュロ　*Trachycarpus fortunei* ／ chusan palm, windmill palm

**大きさ**：10mほどの常緑高木。**分布、原産地**：九州南部、中国に分布。
**花**：花期は5〜6月。雌雄異株。葉間から大型の花枝を出して黄色の小花が無数に密集。雄花は雄しべ6本、雌花には雌しべ1本。**葉**：幹の頂部に円形で扇形に30〜50に裂けた70〜80cmの葉が20〜30枚が集まってつき、四方に広がる。長い柄の基部は大きな葉鞘になって幹を抱く。裂片の葉質は革質で硬く、ほとんどが上半分の位置で折れ曲がって下方に垂れ下がる。
**果実**：雌株は1.5cmほどの黒藍色のゆがんだ球形をした漿果をつける。
**この植物について**：棕櫚。日本で自生する数少ないヤシ科の植物の1つである。幹が古い葉鞘の繊維に包まれ、幹の先端から掌状に切れ込んだ葉をいくつも伸ばす姿が特徴的な常緑樹。鳥散布によって増えるため、庭園や庭木として植えられたものが暖地では野生化している。キャンパス内でも思わぬところに小さい個体が生えている。幹を包む毛（葉鞘）の繊維は縄やほうき、たわしなどに利用される。中国原産のトウジュロ（唐棕櫚）の葉は、シュロのそれより小さく、葉の先が折れて垂れ下がらない。（齊藤修）
　　　　学内での分布：G-4 他

ヤシ科　冬

## 生きた化石：銀杏

福井　希一

　イチョウは大阪大学や東京大学の大学の校章に使われている。また大阪府や東京都の木としても選定されているなじみ深い樹木である。日本には飛鳥時代以前に渡来したといわれている。学内のイチョウの並木は春に新芽を芽吹いて新入生を迎え、新しい学期の始まりを告げる。夏には青々とした葉は心地よい日陰をつくり、秋には黄金色に葉は染まり、冬には落葉して暖かな陽射しを大地に落とす。雌株はギンナンを実らせ、独特の臭いがあるが、その種子は風味があり、日本料理に使われる。一方、イチョウが植物進化の上では極めて特異的な種であることや、わが国における植物学の発展に大きく貢献したことは余り知られていない。

阪大の学章　　　人間科学部屋根上部の記章

　植物を大まかに分類するとコケ植物と維管束植物になる。維管束植物はシダ植物と種子植物とに分けられ、種子植物は裸の種子を持つ裸子植物と種子が子房によって包まれる被子植物とに分けられる。植物は上記の分類のように、コケ植物、シダ植物、裸子植物、被子植物と進化してきたといえる。裸子植物に分類されるイチョウはその化石から気候が寒冷化に向かい多くのシダ植物らが絶滅する中、2億7千万年前の古生代の三畳紀に出現し、1億7千万年前の中生代のジュラ紀で最も栄え、多くの仲間に分れ世界中に広がった。6550万年前には現在のイチョウと同じものが出現するが、その後イチョウの仲間は徐々に衰退し、現在では中国の限られた地域に自生する1科1属1種のみであり、近縁の仲間は長い時間の中で全て滅びてしまった。この様にかつて繁栄して今もそのままの姿で残っている種は遺存種と呼ばれる。生きている化石と言うわけである。

吹田キャンパス内のイチョウ

イチョウの中には国や県が天然記念物に指定しているオハツキイチョウがある。これは分類学的イチョウであるが一部の葉の周縁部にギンナンがつくものであり、葉の裏側に胞子をつけるシダ植物から種子植物への進化の過程を物語るものである。また、イチョウにはシダ植物と同様、運動する精虫をもつことが1896年、帝国大学理科大学に勤務する画工であった平瀬作五郎によって発見された。3月から4月、葉の展開と同時に雄株の雄花が開花するとイチョウの花粉は風に乗って雌株の雌花つく。花粉は雌花の胚珠中の花粉室で発達し、9月初旬に2個の精虫を出し、精虫は泳いで卵細胞と受精する。したがって受粉から受精にほぼ半年を要する。またイチョウは、胞子から配偶体をつくり運動する精子による受精をするシダ植物と花粉が発芽して受精する種子植物のちょうど中間の段階を示している。この点はシダ植物と、種子植物が系統的に連続していることを示すひとつの証拠となっている。平瀬作五郎はこの発見によって恩賜賞を受賞している。

　イチョウの切れ込みが全くない葉を全縁葉、1つあるものを種名にもなっている2片葉、2つあるものを3片葉と言う。中生代のイチョウの様に多くの切れ込みがあるものを多片葉という。イチョウの葉は、したがって切れ込みの少ないものへと進化してきたとも言われている。

金色の小さき鳥のかたちして銀杏散るなり夕日の丘に

与謝野晶子

## 資 料

阪大近隣植物の見所

世界の国花と日本の県木

花 言 葉

植物用語図解

## 阪大近隣植物の見所

| 場所・所在地 | 花の種類・四季など |
|---|---|
| 五月山公園<br>池田市綾羽 2-5-33 | 4月の桜・5月のツツジが有名。紅葉樹も多いため、秋には山全体が赤や朱の色に染まる。 |
| 万国博記念公園<br>吹田市千里万博公園 | 秋のコスモスが有名。また春には桜・チューリップも賑わいを見せるなど、年中楽しめる。 |
| 箕面公園<br>箕面市箕面公園 1-18 | 秋の紅葉が有名。春も山桜が咲き、一年中ハイキング客で賑わう。 |
| 大阪府営服部緑地<br>豊中市服部緑地 1-1 | 「日本の都市公園100選」のひとつ。春・秋には花見客で賑わう。 |
| 花博記念公園鶴見緑地<br>大阪市鶴見緑地公園 2-163 | スイセン・サルビアが有名。併設する「咲くやこの花館」では世界各地の植物が一年中見られる。 |
| 大阪城公園<br>大阪市中央区大阪城 | 桜の名所として有名。冬も梅などを観賞することができる。 |
| 長居公園<br>大阪市東住吉区長居公園 | 冬の椿・梅が有名。併設された「長居植物園」は約550種、61,000本の樹木が茂り、年中花をつけている。 |
| 城北公園<br>大阪市旭区生江 | 併設された城北菖蒲園は約250品種、およそ13,000株の花菖蒲が花を咲かせる。 |
| 天王寺公園<br>大阪市天王寺区茶臼山町 | ベコニア・洋ラン・椿・スイレンが有名。植物温室・天王寺動物園が併設。 |
| 中之島公園<br>大阪市北区中之島 | バラ園には、89品種、およそ4,000株のバラが咲き誇る。 |

吹田市藤白台にあるフウの並木
阪大側から約600mほどの直線道路を北千里駅に向かって進むと最初の交差点までがフウ、そこから先は左側がモミジバフウ、右側にトウカエデが植えられている。

(写真；山東智紀)

# 世界の国花

(p. )は掲載ページ

| 地域名 | 国名 | 国の花 |
|---|---|---|
| アジア | 中国 | ボタン・キク |
| | 韓国 | ムクゲ p.141 |
| | 日本 | サクラ p.67・キク |
| | ベトナム | ハス・モモ |
| | タイ | ナンバンサイカチ・スイレン |
| | 台湾 | ウメ p.259 |
| | マレーシア | ハイビスカス |
| | インドネシア | ジャスミン・月下美人・ラフレシア |
| | バングラデシュ | スイレン |
| | フィリピン | Sumpa-kita（モクセイ科　ジャスミン） |
| | インド | ハス |
| | モンゴル | ― |
| | スリランカ | ハス・スイレン |
| | カンボジア | イネ |
| | シンガポール | ラン |
| | ネパール | シャクナゲ |
| | ラオス | プルメリア（キョウチクトウ科　インドソケイ） |
| | ミャンマー | サラノキ（フタバガキ科 *Shorea robusta*） |
| | パキスタン | ジャスミン |
| 中近東 | トルコ | チューリップ |
| | イラン | 黄色いバラ |
| | ヨルダン | ブラックアイリス・アネモネ |
| | レバノン | レバノンスギ |
| | イスラエル | オリーブ |
| | イラク | 赤いバラ |
| | アフガニスタン | 赤いチューリップ |
| | バーレーン | ― |
| | パレスチナ | ― |
| アフリカ | エジプト | スイレン |
| | チュニジア | アカシア（マメ科　ミモザ）・ジャスミン |
| | ケニア | ― |
| | コンゴ民主共和国 | ― |
| | エチオピア | オランダカイウ（サトイモ科　カラー） |
| | スーダン | ハイビスカス |
| | ジンバブエ | ― |
| | ウガンダ | ― |
| オセアニア | オーストラリア | アカシア |
| | ニュージーランド | Kowhai（マメ科 *Sophora microphylla*） |
| | トンガ | Heilala（オトギリソウ科 *Garcinia sessilis*） |
| 北米 | カナダ | サトウカエデ |
| | アメリカ合衆国 | セイヨウオダマキ・コロラドオダマキ |
| 中南米 | ブラジル | カトレア |
| | パナマ | Espiritu santo（ラン科 *Peristeria elata*） |
| | ペルー | Cantuta（ハナシノブ科 *Cantuta buxifolia*） |
| | ドミニカ共和国 | マホガニー |
| | ベネズエラ | ラン |
| | コロンビア | カトレヤ・ラン |
| | メキシコ | ダリア |
| | グァテマラ | Monja blanca（ラン科 *Lyccaste skinneri* var. *alba* 白花） |
| | ホンジュラス | カーネーション |

| 地域名 | 国名 | 国の花 |
|---|---|---|
| 中南米 | キューバ | マリポサ（ハナシュクシャ・ジンジャー） |
| | ボリビア | Cantuta（ハナシノブ科 *Cantuta buxifolia*） |
| | エクアドル | チュキラグア（ラン科 *Lycaste skinneri* 黄花） |
| | セントルシア | ― |
| ヨーロッパ | ルーマニア | ドッグローズ（バラ科 *Rosa canina*） |
| | オランダ | チューリップ |
| | ロシア（NIS旧ソ連） | デージー、カモミール |
| | ドイツ | オウシュウナラ（ブナ科 *Quercus robur*） |
| | フランス | ユリ・アイリス |
| | ブルガリア | バラ（ダマスクスバラ） |
| | ハンガリー | チューリップ・ゼラニウム |
| | イギリス | イングランド：バラ、北アイルランド：コメツブツメクサ p.61、スコットランド：アザミ、ウェールズ：スイセン p.269 |
| | ポーランド | パンジー |
| | イタリア | デージー |
| | オーストリア | エーデルワイス |
| | ベルギー | チューリップ |
| | チェコ | リンデンバウム（シナノキ科 セイヨウボダイジュ） |
| | ラトビア | マーガレット |
| | カザフスタン | チューリップ |
| | キルギス | ワタ |
| | フィンランド | スズラン |
| | スウェーデン | セイヨウトネリコ・ドイツスズラン |
| | スペイン | カーネーション |
| | スロベニア | コムギ |
| | アゼルバイジャン | ― |
| | リトアニア | ヘンルーダ |
| | ベラルーシ | ― |
| | ウクライナ | ― |
| | トルクメニスタン | ― |
| | グルジア | ブドウ |

公式に定められているものは少なく、不明のものもあり、知られているものと異なる場合もあります。
ここでは2007年に大阪大学に在学中の留学生の出身国に基づいて調べています。

# 日本の県木

(p. ) は掲載ページ

| 県名 | 県の木 | 由来 |
|---|---|---|
| 北海道 | エゾマツ | 一般公募により決定。北海道を代表する針葉樹で、高く伸びた姿は、躍進する北海道の象徴となっている。 |
| 青森県 | ヒバ | 下北半島、津軽半島にはヒバの純林があり、秋田スギ、木曽ヒノキとともに日本三大美林のひとつにかぞえられるため。 |
| 岩手県 | ナンブアカマツ | 一般公募により決定。県内いたるところに生息している岩手産の代表的樹木で、純和風高級材として質・量ともに日本一を誇る。 |
| 宮城県 | ケヤキ p.89 | 平安時代より県南部の柴田町に並木がつくられたといわれ、現在では仙台市定禅寺通の並木がよく知られているため。 |
| 秋田県 | アキタスギ | 一般公募により決定。美しい木目と強い材質が特長で、青森ヒバ、木曽ヒノキと共に日本三大美林に数えられる。 |
| 山形県 | サクランボ | 山形県になじみの深い木の中から3種の候補木を選び、公募で決定。生産量は山形県が日本一。佐藤錦やナポレオン、高砂などの品種がある。 |

| 県名 | 県の木 | 由来 |
|---|---|---|
| 福島県 | ケヤキ p.89 | 一般公募により決定。強くたくましく生きようと願う県民の姿を表現している。 |
| 茨城県 | ウメ p.259 | 植物分布から5種の候補木（アカマツ、クロマツ、ウメ、スギ、ケヤキ）を選定し、その中から公募で決定。 |
| 栃木県 | トチノキ | その名前により古くから郷土の木として親しまれているで、平和のシンボルである緑の意義を自覚し、環境緑化を推進する願いをこめて選定。 |
| 群馬県 | クロマツ | 赤城山南面に広く植樹されており、群馬県庁構内でも見ることができ、県民に親しまれているから。 |
| 埼玉県 | ケヤキ p.89 | 県内に古くから自生し、各地に県の天然記念物に指定されたケヤキがあり、親しみがあるため。 |
| 千葉県 | マキ | 県の気候風土に合い、街路、公園、庭木など県民の目によく触れる木であるから。 |
| 東京都 | イチョウ p.245 | 3種の候補木（ケヤキ、イチョウ、ソメイヨシノ）から一般公募で選定。 |
| 神奈川県 | イチョウ p.245 | 4種の候補木（イチョウ・ヤマザクラ・ケヤキ・シカラシ）から一般公募で選定。 |
| 山梨県 | カエデ | 高浜虚子の詩に詠まれるなど、山梨県の山々を美しく彩るため。 |
| 長野県 | シラカバ | 白樺湖、志賀高原、蓼科高原などで白樺の林が見られ、その白い幹は、四季の変化に富む自然に調和して、清らかさと風情をたたえているため。 |
| 新潟県 | ユキツバキ | 新潟県で最初に発見され、雪の中で緑をみせる生命力を持ち、県民性を象徴しているため。 |
| 富山県 | タテヤマスギ | 寒さや雪に強いという特徴をもち、まっすぐ天に向かって伸びる姿は、たくましい生命力を感じさせるため。 |
| 石川県 | アテ（ヒノキアスナロ） | 上質の木材で、石川県の伝統工芸である輪島漆の素材にも多く使われているため。 |
| 福井県 | マツ | 清楚で、岩や砂地にもたくましく育つ生命力は、質実剛健な県民性を象徴しているから。 |
| 岐阜県 | イチイ | 一般公募により決定。イチイの名は、昔、この木で笏を作って天皇に献上したところ正一位という位を受けたことから名づけられた。 |
| 静岡県 | モクセイ | 一般公募により決定。温暖な気候が適し、大変花の香りがよいため、県内に広く植えられ、多くの県民に親しまれている。 |
| 愛知県 | ハナノキ | 県民投票で決定。北設楽郡豊根村の茶臼山山麓にある「川宇連のハナノキ自生地」は、国の天然記念物に指定されている。 |
| 三重県 | シングウスギ | 三重県の名所である伊勢神宮神域林の主林木であり、千枝のスギ、ホコスギなどの名で昔から多くの詩歌に詠まれてきたため。 |
| 滋賀県 | モミジ | 県民投票で決定。県内には永源寺をはじめ、たくさんの名所がある。 |
| 京都府 | キタヤマスギ | 一般公募により決定。木立が天に向かってまっすぐ伸びる姿は「伸びゆく京都」を象徴している。 |
| 大阪府 | イチョウ p.245 | 大阪市内の中心部を貫く御堂筋のイチョウ並木が大阪を代表する景観であるため。 |
| 兵庫県 | クスノキ p.74 | 強健で雄大な姿が県のイメージと合うため。大きく形もよいことから県の天然記念物に指定されている樹もある。 |
| 奈良県 | スギ | 5種の候補木（アセビ、ウメ、サクラ、スギ、モミジ）から一般公募で選定。 |

| 県名 | 県の木 | 由来 |
|---|---|---|
| 和歌山県 | ウバメガシ p.234 | 県民投票で決定。紀南地方に多く見られ、高温多湿を好みますが、耐乾性も強く、備長炭の炭材として利用されている。 |
| 鳥取県 | ダイセンキャラボク | 強く伸びる姿が本県の自然美を象徴しているため。大山の自生地では、国の天然記念物に指定されている。 |
| 島根県 | クロマツ | 3種の候補木(黒松、赤松、しらかし)から一般公募で決定。防風林、経済林、庭園樹などとして古くから親しまれてきた県を代表する木である。 |
| 岡山県 | アカマツ p.106 | 3種の候補木(アカマツ、クロガネモチ、ユズリハ)から一般公募で決定。県内に広く分布し、県下の名所・旧跡、景勝地の構成美として欠かせない。 |
| 広島県 | モミジ | 県全域に分布し、特別名勝三段峡、名勝帝釈峡、日本三景宮島などモミジの名所も数多いため。 |
| 山口県 | アカマツ p.106 | 県内に広く分布し、どんなやせ地でも育ち、かんばつにも強いことから「根性の木」とされており、県民性を象徴しているため。 |
| 徳島県 | ヤマモモ p.169 | すだちとともに、徳島県特産の果実であるから。御禁木として保護され、肥料木として山林に植えられたこともある。 |
| 香川県 | オリーブ | 一般公募により決定。瀬戸内海の小豆島での栽培が知られている。 |
| 愛媛県 | マツ | 瀬戸内海の松は白砂青松の景観を呈しており、広く県民に親しまれているため。歴史的にもいわれのある名木が多い。 |
| 高知県 | ヤナセスギ | 吉野杉・秋田杉とともに日本を代表する杉の一つであるから。安芸郡馬路村魚梁瀬を中心に自生している杉の総称。 |
| 福岡県 | ツツジ p.37 | 一般公募により決定。小輪の明るい朱赤色や桃色などの花をつけるクルメツツジは、県内の花壇でよく栽培されている。 |
| 佐賀県 | クスノキ p.74 | 川古(武雄市若木)のクスが有名であるから。根回り33m、樹齢3000年をこえると推定される。 |
| 長崎県 | ヒノキ p.105<br>ツバキ p.257 | 県内でもっとも多く植林されている木であるから。特に雲仙では、美しいヒノキ林が見られる。ツバキは県内に広く分布し五島ツバキは全国的に有名。 |
| 熊本県 | クスノキ p.74 | 熊本県内をはじめ県内各地の神社や寺院にクスノキの巨木が見られ、昔から県民に親しまれてきたため。 |
| 大分県 | ブンゴウメ | 豊後梅は、大分の名産であるから。当初は昭和29年に県の花として選定されていたが、昭和41年に県木としても選定された。 |
| 宮崎県 | フェニックス p.268 | カナリーヤシ(p.268)。日南海岸などに植えられ、宮崎を象徴する木であるため。寿命が長いことから、フェニックスと名付けられた。 |
| 鹿児島県 | クスノキ p.74<br>カイコウズ | クスノキは歴史的につながりの深い樹木で、県内に広く群生しているため。カイコウズは南米原産だが、早くから鹿児島県に入り、鮮やかなコントラストをみせる南国的な木であるから。 |
| 沖縄県 | リュウキュウマツ | 沖縄独自のもので枝ぶりも美しく、増殖も容易で経済性に富んでいるから。 |

# 花言葉

(この本に掲載した順に花言葉があるもののみを記載しています)

| 和名・ページ | 花言葉 |
|---|---|
| ハルジオン 3 | 追憶の愛 |
| フキ 4 | 愛嬌 |
| オニタビラコ 5 | 仲間と一緒に |
| オニノゲシ 6 | 毒舌 |
| コウゾリナ 8 | 管理 |
| ハハコグサ 9 | いつも想う・優しい人 |
| カンサイタンポポ 10 | 愛の信託・別離 |
| セイヨウタンポポ 11 | 真心の愛・神のお告げ・軽率・思わせぶり・明朗な歌声 |
| ニガナ 12 | 質素 |
| ノアザミ 17 | 独立・厳格・触れないで・人間嫌い・権威 |
| オオバコ 22 | 足跡を残す |
| トキワハゼ 24 | 永久に |
| キリ 26 | 高尚・内気 |
| オオイヌノフグリ 27 | 信頼・神聖・誠実 |
| ヒメオドリコソウ 30 | 愛嬌 |
| ホトケノザ 31 | 調和 |
| キランソウ 32 | 追憶の日々・あなたを待っています |
| キュウリグサ 34 | 私を忘れないで・真実の恋 |
| アオキ 38 | 若くて美しい |
| ハナミズキ 39 | 私の思いを受けてください・お返し |
| アキグミ 41 | 用心深い |
| ナツグミ 42 | 野性美 |
| ジンチョウゲ 43 | 栄光・不滅・よい前兆 |
| スイカズラ 44 | 献身的な愛・愛の絆 |
| スミレ 46 | 謙虚・愛・誠実・小さな幸せ |
| タチツボスミレ 47 | つつましい幸福・誠実 |
| センダン 48 | 意見の相違 |
| ツゲ 49 | 冷静・禁欲・淡白 |
| カタバミ 50 | 輝く心 |
| イモカタバミ 51 | 輝く心 |
| ムラサキカタバミ 52 | 喜び |
| フジ 53 | あなたを歓迎します・恋に酔う・佳客 |
| ムラサキツメクサ 54 | 快活 |
| シロツメクサ 55 | 感化 |
| ハリエンジュ 56 | プラトニックな愛・慕情 |
| カスマグサ 58 | 輝く心 |
| カラスノエンドウ 59 | 小さな恋人達 |
| ミヤコグサ 60 | また会う日まで・復讐心 |
| シャリンバイ 62 | 純な心 |
| シロヤマブキ 63 | 薄情 |
| ノイバラ 64 | 素朴な可愛らしさ |
| ヤエヤマブキ 65 | 気品 |
| サクラの仲間 67 | 豊かな教養(サトザクラ) |
| | 小さな恋人・上品(セイヨウミザクラ) |
| | 優れた美人(ソメイヨシノ) |
| ウツギ 69 | 秘密 |
| タネツケバナ 70 | 勝利・不屈の心・情熱・熱意・燃える思い |
| セイヨウカラシナ 72 | 快活・豊かさ |
| ショカッサイ 73 | 競争 |
| アケビ 75 | 才能・唯一の恋 |
| ヒメウズ 76 | 不変・志操堅固 |
| カツラ 77 | 不忠 |
| コブシ 78 | 友情・友愛 |
| ハクモクレン 79 | 自然の愛・恩恵 |
| ユリノキ 80 | 田園の幸福 |
| モクレン 82 | 自然の愛・恩恵 |
| ウシハコベ 83 | 無邪気 |
| オランダミミナグサ 84 | 純真 |
| ノミノツヅリ 85 | 小さな愛情 |
| ミドリハコベ 86 | 愛らしい・ランデブー |
| ポプラの仲間(セイヨウハコヤナギ)91 | 勇気・時間・悲嘆(セイヨウハコヤナギ) |
| シダレヤナギ 92 | 悲嘆・哀悼 |
| シュンラン 94 | 清純 |
| シャガ 95 | 反抗・抵抗・決心 |
| ニワゼキショウ 96 | 繁栄・豊かな感情・豊富 |
| ムスカリ 97 | 失望・失意 |
| チガヤ 99 | 子供の守護神 |
| コバンソウ 101 | 興奮・白熱した議論(コバンソウ) |
| ヒノキ 105 | 不滅・不死 |
| アカマツ 106 | 用心深い |
| スギナ(ツクシ) 107 | 驚き・向上心・努力 |
| ヒメジョオン 115 | 素朴で清楚 |
| オオキンケイギク 116 | いつも明るく・上機嫌 |
| ノボロギク 117 | 一致・合流・遭遇 |
| キカラスウリ 120 | 良き便り |
| クチナシ 121 | 幸福者・優雅・清潔・楽しい日々 |
| ヘクソカズラ 122 | 人嫌い |
| キツネノマゴ 123 | 美しい娘・女性の美の極致 |
| ワルナスビ 124 | 悪戯 |

| 和名・ページ | 花言葉 |
|---|---|
| タツナミソウ 125 | 私の命を捧げます |
| クサギ 126 | 運命・治療 |
| クマツヅラ 127 | 魅惑・魔法 |
| コヒルガオ 128 | 優しい愛情・絆 |
| ヒルガオ 129 | 優しい愛情・絆 |
| キョウチクトウ 132 | 用心・危険 |
| タラノキ 134 | 強い態度・他を寄せつけない |
| メマツヨイグサ 135 | 貞節 |
| ヒシ 136 | 秘めた思い |
| ザクロ 137 | 円熟の美・子孫の守護 |
| サルスベリ 138 | 雄弁 |
| ビヨウヤナギ 139 | 有用・幸い |
| トチノキ 143 | 贅沢・豪奢 |
| クロガネモチ 144 | 魅力・用心 |
| ゲンノショウコ 151 | 憂いを忘れて・心の強さ |
| ネムノキ 154 | 歓喜・想像力 |
| ヘビイチゴ 155 | 可憐 |
| ナワシロイチゴ 156 | 幸福な家庭・あなたを喜ばせる・尊重と愛情 |
| ユキノシタ 157 | 情愛・深い愛情・切実な愛情・好感・軽口・無駄 |
| ナガミヒナゲシ 160 | 心の平静・慰め |
| タイサンボク 162 | 威厳・自然の愛情・前途洋々 |
| スイバ 165 | 親愛の情・愛情 |
| ヤマモモ 169 | 教訓・ただ一人を愛する |
| ドクダミ 170 | 白い追憶・野生 |
| ネジバナ 171 | 思慕 |
| ノビル 174 | 高まり |
| オニユリ 175 | 富と誇り・愉快・華麗・荘厳 |
| ツユクサ 177 | 小夜曲・尊敬・わずかな楽しみ |
| チヂミザサ 179 | 強い結びつき |
| アシ（ヨシ）180 | 神の信頼・音楽 |
| エノコログサ 181 | 遊び・無関心・愛嬌 |
| オヒシバ 182 | 悪性 |
| ソテツ 186 | 雄々しい |
| ヒヨドリバナ 194 | 清楚 |
| アキノノゲシ 195 | ひかえめな人・幸せな旅 |
| セイタカアワダチソウ 198 | 生命力 |
| ノコンギク 199 | 守護 |
| ノハラアザミ 200 | 心の成長・独立・自立 |
| ヨモギ 202 | 幸福・平和 |

| 和名・ページ | 花言葉 |
|---|---|
| ツリガネニンジン 203 | 感謝・誠実 |
| イヌホオズキ 204 | ただひとつの真実 |
| キンモクセイ 205 | 謙虚・真実 |
| カキ 206 | 自然美 |
| ナツヅタ 209 | 誠実・結婚 |
| ハゼノキ 211 | 真心 |
| アレチヌスビトハギとヌスビトハギ 216 | 思案・内気（アレチヌスビトハギ）でしゃばり（ヌスビトハギ） |
| クズ 218 | 治療 |
| コマツナギ 219 | 勇気をかなえる |
| モミジバフウ 223 | |
| センニンソウ 224 | 安全・無事 |
| イタドリ 227 | 回復 |
| オオイヌタデ 229 | 厳格 |
| イヌタデ 228 | あなたのために役立ちたい |
| クヌギ 231 | おだやかさ |
| ウバメガシ 234 | 良質な・強力 |
| コナラ 235 | 勇気・独立 |
| クリ 237 | 真心・満足 |
| ヒガンバナ 238 | 悲しい思い出 |
| サルトリイバラ 239 | 屈強・元気 |
| ツルボ 240 | 我慢強い |
| ススキ 243 | 勢力・活力 |
| イチョウ 245 | 長寿 |
| レンギョウ 252 | 将来への望み |
| サンシュユ 253 | 持続・耐久・強健 |
| ヤツデ 255 | 分別 |
| サザンカ 256 | (白)：愛嬌・理想の恋<br>(桃・赤)：理性・謙遜 |
| ツバキ 257 | (赤)：控えめな愛・気取らぬ美しさ<br>(白)：申し分のない愛らしさ・理想的な愛情・冷ややかな美しさ |
| ヒサカキ 258 | 神を尊ぶ |
| ウメ 259 | 澄んだ心 |
| ビワ 260 | 温和 |
| ユキヤナギ 261 | 愛嬌・殊勝 |
| ボケ 262 | 熱情・先駆者・指導者 |
| マンサク 264 | (黄花)：呪文・霊感 |
| ナンテン 265 | 機知に富む・福をなす・良い家庭 |
| ヒイラギナンテン 266 | 激しい感情 |
| スイセン 267 | 我欲・自己愛・自惚れ・神秘 |
| シュロ 269 | 勝利・不変の友情 |

# 植物用語図解

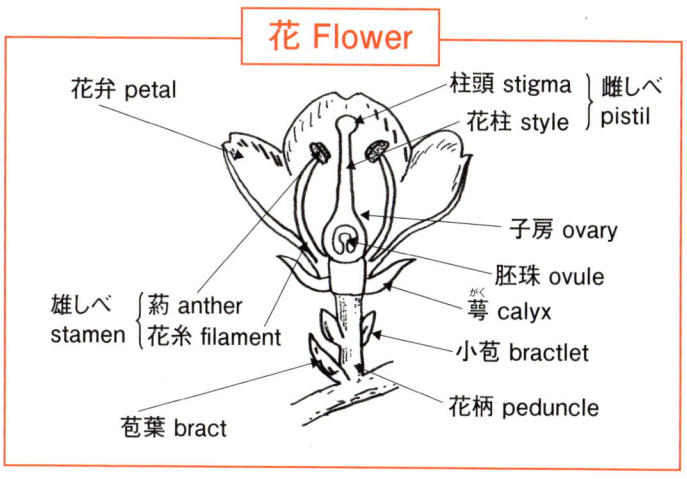

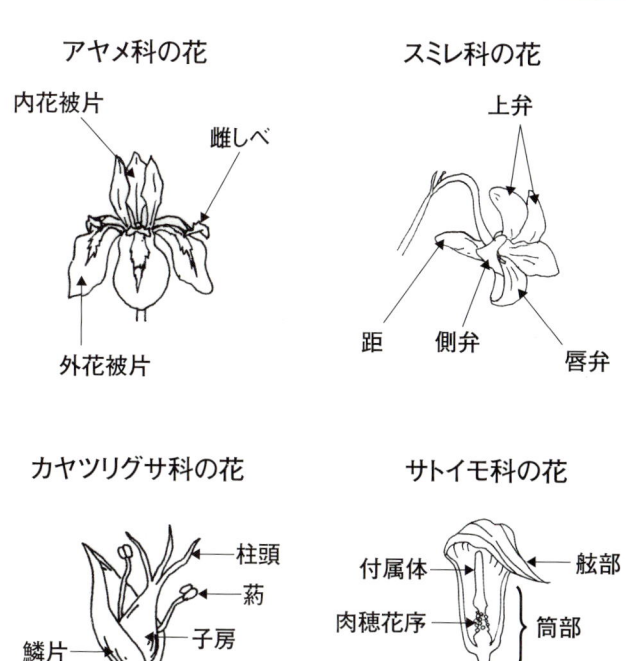

## 花 Flower

- 花弁 petal
- 柱頭 stigma ｝雌しべ pistil
- 花柱 style
- 子房 ovary
- 胚珠 ovule
- 萼(がく) calyx
- 雄しべ stamen ｛葯 anther / 花糸 filament
- 小苞 bractlet
- 花柄 peduncle
- 苞葉 bract

### アヤメ科の花
- 内花被片
- 雌しべ
- 外花被片

### スミレ科の花
- 上弁
- 距
- 側弁
- 唇弁

### カヤツリグサ科の花
- 柱頭
- 葯
- 鱗片
- 子房

### サトイモ科の花
- 付属体
- 舷部
- 肉穂花序
- 筒部

## 花序 inflorescence

総状花序　円錐花序　穂状花序　散房花序　散形花序　複散形花序　集散花序
●：小花

## キク科の花（頭花）

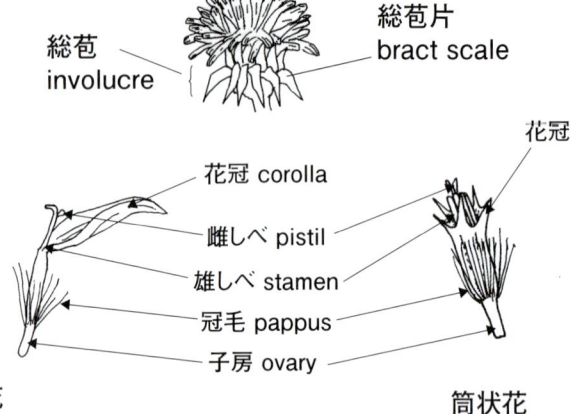

総苞 involucre　　総苞片 bract scale

花冠 corolla
雌しべ pistil
雄しべ stamen
冠毛 pappus
子房 ovary

花冠

舌状花 ligulate flower　　筒状花 tubular flower

ヒメジョオン頭花（写真：栗原佐智子）

# 葉 Leaf

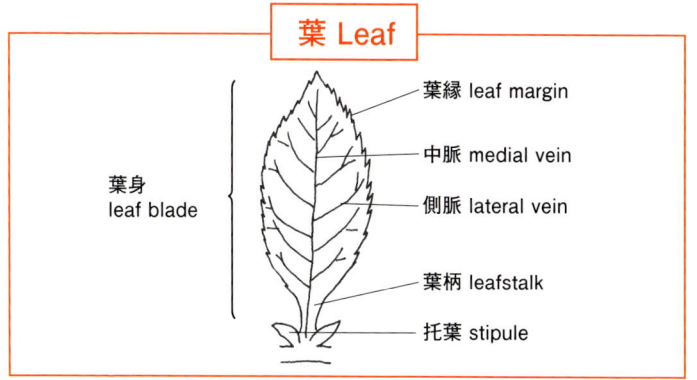

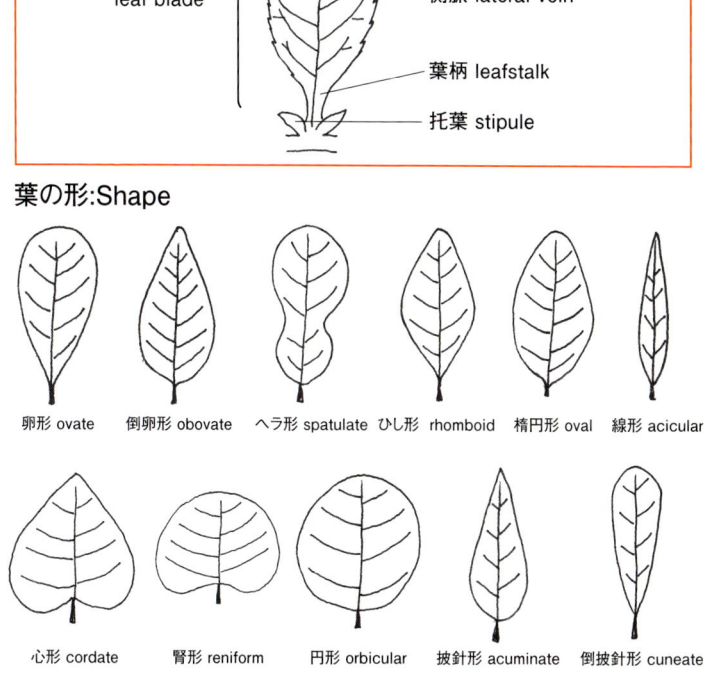

- 葉縁 leaf margin
- 中脈 medial vein
- 側脈 lateral vein
- 葉柄 leafstalk
- 托葉 stipule
- 葉身 leaf blade

## 葉の形:Shape

- 卵形 ovate
- 倒卵形 obovate
- ヘラ形 spatulate
- ひし形 rhomboid
- 楕円形 oval
- 線形 acicular
- 心形 cordate
- 腎形 reniform
- 円形 orbicular
- 披針形 acuminate
- 倒披針形 cuneate

## 葉のつき方1（茎に対する並び方）

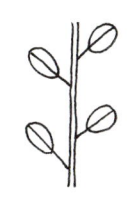

- 互生 alternate phyllotaxis
- 対生 opposite phyllotaxis 
- 輪生 whorled phyllotaxis 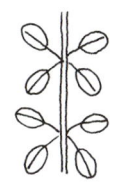
- 根生(出)葉 rosette（ロゼット葉）

## 葉のつき方2（茎と葉のつき方の表現）

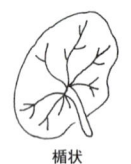

つきぬき　　茎に流れる　　楯状　　茎を抱く

## 葉の基部の形

心形　　くさび形　　切形　　矢じり形　　ほこ形　　耳形

## 果実 Fruit

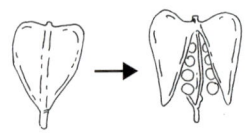

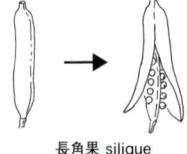

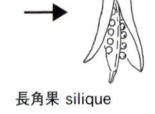

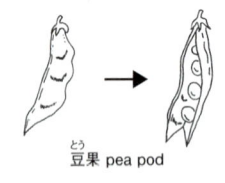

短角果 silicle　　長角果 silique　　堅果 nut

豆果 pea pod　　蒴果 regma　　袋果 follicle　　蓋果 pyxidium

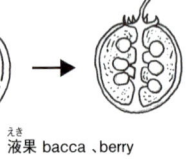

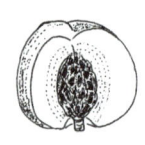

瘦果 achene　　いちご状果（瘦果）　　液果 bacca、berry

液果 drupe、stone fruit　　頴果 caryopsis

# あとがき

　この本は、一つの授業の成果として作成されたものである。その開講を開墾と播種に例えれば、この本は種を播いて7年目に咲いた一つの花と言える。2007年から7年の間に多くの関係者が、木を様々に育ててこの花を咲かせた。最初に何処に何を植えるか、つまりどのような講義をするかについて、福井が大阪大学全学共通教育機構2001年7月「共通教育だより」No.16に書いている。本書248頁にその一部を再録している。

　国立大学の中ではめずらしく農学部の設置されていなかった大阪大学において、植物の名を知りたいという学生の要望から2001年（平成13）から始まったこの授業、基礎セミナー「植物を知り、植物に学ぶ」は、大阪大学大学教育実践センターの体験的課題追求型授業プロジェクト、新型授業開発プロジェクトの助成を受け、毎年新しい工夫を加えながら展開してきた。学生の人数は開講当初、5人ほどから始まり現在でも10人程度に抑えており、全員の名前を覚えて会話ができる、距離の近い授業である。受講生はほぼ全学部からの1年生の他、高校生と、2007年（平成19）度は毎回ではないが一般の参加者もあった。この人数に対し、例年5人以上の教員と2〜4人のTA（ティーチング・アシスタント）が準備と授業を担当し、遠隔授業や実習の実施には最新の機器や施設を駆使している。現在では身近な植物に親しむことから始め、阪大キャンパスをフィールドとして様々な科学的視点から植物を学ぶことを目的としている。そのため、理解を深める座学と、キャンパス内で行う野外ワークと実習により、地球環境、生命科学へと興味や視野を広げるきっかけを与えることを目的としてきた。また、学外に出て実習・見学をする最後の授業は毎年人気が高い。座学では新しい授業方法の開発の一環として例年行ってきた遠隔授業に、平成19年度はテレビ会議システムを導入し、さらに効率的な授業を目指した。また、授業支援型e-Learningシステムを利用してその教育効果の向上を図っている。例年この少人数の授業への新しい試みには、思わぬ問題にぶつかることが多く、それだけ多くの方々にご助力をいただいたことを、心より感謝している。

　この成果を本書の出版という形でまとめることになり、大阪大学教育研究等重点推進経費の支援を受けた。この授業中に学生が撮影した植物の写真や授業風景を本書カバーや本文中にも使用した。

　本書の刊行にあたり、巻頭言をお寄せいただいた方をはじめ、多くの方々の協力を得たことを記し、改めて深くお礼申し上げる。

　この後書きの一部は、大阪大学大学教育実践センター平成19年度新型授業開発プロジェクト授業終了報告書より抜粋し編集した。

栗原　佐智子
福井　希一

## 編者・執筆者

**編集**
福井　希一・栗原佐智子

**巻頭言**
遠山　正彌
(大阪大学大学院医学系研究科長)
川合　知二
(大阪大学産業科学研究所所長)
豊田　政男
(大阪大学大学院工学研究科長)

**本文執筆**
福井　希一
(大阪大学大学院工学研究科教授)
米田　該典
(元・大阪大学大学院薬学研究科附属薬用植物園園長)
高橋　京子
(大阪大学大学院薬学系研究科准教授)
梶山慎一郎
(大阪大学大学院工学研究科客員准教授)
松永　幸大
(大阪大学大学院工学研究科講師)
齊藤　修
(早稲田大学高等研究所助教)
栗原佐智子
(大阪大学大学院工学研究科特任研究員)
上田サーソン圭子
(大阪大学大学院工学研究科事務補佐員)
山東　智紀
(株式会社ブリヂストン)
森部　光俊
(大阪大学平成19年度TA)
中尾　勝一
(大阪大学平成19年度TA)
大竹健太郎
(大阪大学平成18年度TA)
伊藤　功
(大阪大学平成18年度TA)
山川真理子
(大阪大学平成18年度TA)
平野　美紀
(大阪大学平成18年度TA)
池野　優子
(大阪大学平成17年度受講生)
西川　聡
(大阪大学平成17年度TA)
和田　直樹
(大阪大学平成17年度TA)

**写真撮影**
福井　希一
(前出　写真中にKFと略称　以下同)
山東　智紀
(前出　TS)
中嶋　幹男
(株式会社0 Machi　MN)
栗原佐智子
(前出　SKと略称)
池野　優子
(前出　YI)
西川　聡
(前出　SN)
和田　直樹
(前出　NW)

**扉絵・挿絵・題字など**
足立　泰二
(扉絵　大阪大学ベンチャービジネスラボラトリー招聘教授)
平野　美紀
(扉題字　前出)
森部　光俊
(挿絵　前出)
和田　直樹
(挿絵　前出)
大西　愛
(挿絵　大阪大学出版会)

**調査・編集協力**
光島　正浩
(大阪大学平成19年度TA)
馬野　俊幸
(大阪大学平成19年度TA)
川崎　誠
(大阪大学平成18年度受講生)

TA：ティーチング・アシスタント

# 植物索引

(細字体は、参考として記述がある植物です)

## ア行

アオキ 38
アオギリ 140
アオツヅラフジ 161
アカガシ 232
アカザ 226
アカツメクサ（ムラサキツメクサ）54
アカマツ 106, 188
アカメガシワ 146
アキグミ 41
アキノノゲシ 195
アケボノナツフジ 152
アケビ 75
アサガオ 109
アシ（キタヨシ、ヨシ）180
アベマキ 231
アマチャヅル 110
アメリカアサガオ 130
アメリカオニアザミ 16
アメリカイヌホオズキ 204
アメリカスズメノヒエ 242
アメリカセンダングサ 196
アメリカタカサブロウ 114
アメリカフウロ 150
アメリカヤマボウシ 39
アラカシ 232, 188, 190
アラビドプシス 109
アリアケスミレ 45
アリマウマノスズクサ 166
アレチヌスビトハギ 216
アレチノギク 192
アンズ 259
イグサ 176
イタドリ 227
イチョウ 245, 270, 271, 275
イヌタデ 228
イヌビワ 87
イヌノフグリ 28
イヌホオズキ 204
イモカタバミ 51
ウシハコベ 83
ウツギ 69
ウバメガシ 190, 234
ウマノスズクサ 166

ウメ 259
ウラジロチチコグサ 13
ウルシ 145
エノキ 88
エノキグサ 147
エノコログサ 181
エビヅル 208
オオアレチノギク 192
オオアワダチソウ 198
オオイヌタデ 229
オオイヌノフグリ 27
オオエノコログサ 181
オオキンケイギク 116
オオシマザクラ 66
オオツヅラフジ 161
オオニシキソウ 149
オオバコ 22
オオバンキリマメ（トキリマメ）215
オオボウシバナ 177
オオムラサキツツジ 36, 37
オギ 243
オケラ 111
オタフクナンテン 265
オドリコソウ 30
オニタビラコ 5
オニノゲシ 6
オニユリ 175
オノエイタドリ 227
オヒシバ 182
オフリス 109
オランダミミナグサ 84
オヤブジラミ 40

## カ行

ガガイモ 131
カキノキ 206
カキネガラシ 71
カスマグサ 58
カタバミ 50
カツラ 77
カナムグラ 19, 168
カナリーヤシ 268
ガマ 183
カミヤツデ 254

287

カモガヤ 100
カラシナ 72
カラスウリ 120
カラスノエンドウ（ヤハズノエンドウ）59
カラスビシャク 178
カラハナソウ 168
カラムシ 167
カルカヤ 244
カンサイタンポポ 10
キカラスウリ 120
キキョウソウ 119
ギシギシ 165
キシュウスズメノヒエ 242
キタヨシ（アシ、ヨシ）180
キヅタ 209
キツネノマゴ 123
キュウリグサ 34
キョウチクトウ 132
キランソウ 32
キリ 26
キレハノブドウ 210
キンモクセイ 205
キンラン 93
ギンラン 93, 187
クサイ 176
クサギ 126
クサボケ 262
クズ 218
クスダマツメクサ 61
クスノキ 74
クチナシ 121
クヌギ 187, 188, 231
クマイチゴ 156
クマツヅラ 127
クリ 237
クルメツツジ 36
クロガネモチ 144
クワクサ 230
ケイタドリ 227
ケヤキ 89
ゲンノショウコ 151
コウゾリナ 8
コオニタビラコ 31
コオニユリ 175
コショウソウ 159

コスモス vii
コセンダングサ 197
コナスビ 133
コナラ 187, 188, 235
コニシキソウ 149
コノシロセンダングサ 197
コハコベ 86
コバンソウ 101
コヒルガオ 128
コブシ 78
コマツナギ 219
コマツヨイグサ 135
コミカンソウ 148
コメツブツメクサ 61
コモチマンネングサ 158

### サ行

サギソウ 108
サクラの仲間（オオシマザクラ、リトザクラ、シダレザクラ、ソメイヨシノ）66, 67
ザクロ 137
ササゲ 153
ササバギンラン 93
サザンカ 256
サツキ 36
サトザクラ 66
サルスベリ 138
サルトリイバラ 239
サワギク 117
サワラ 105
サンシュユ 253
シナレンギョウ 252
シダレザクラ 66
シダレヤナギ 92
シデコブシ 81
シマスズメノヒエ 242
シモクレン（モクレン）82
シャガ 95
シャリンバイ 62
シュロ 269
シュンラン 94, 187
ショカッサイ（ムラサキハナナ）73
シラカシ 233
シロザ 226

シロスミレ 45
シロツメクサ 55
シロバナタンポポ 2
シロヤマブキ 63
ジンチョウゲ 43
スイカズラ 44
スイセン 267
スイバ 165
スギナ（ツクシ）107
ススキ 243
スズメノエンドウ 57
スズメノカタビラ 102
スズメノヒエ 242
スズメノヤリ 98
スベリヒユ 163
スミレ 46
セイタカアワダチソウ 198
セイヨウカラシナ 72
セイヨウジュウニヒトエ（セイヨウキランソウ）33
セイヨウタンポポ 11
セイヨウトチノキ 143
セイヨウハコヤナギ（ポプラ）91
センダン 48
センダングサ 197
センニンソウ 224
ソテツ 186
ソメイヨシノ 67

### タ行

タイサンボク 162
ダイモンジソウ 157
タカサゴユリ 173
タカサブロウ 114
タチイヌノフグリ 28
タチオオバコ（ツボミオオバコ）23
タチスズメノヒエ 242
タチツボスミレ 47
タツナミソウ 125
タネツケバナ 70
タマガヤツリ 241
タムシバ 81
タラノキ 134
タンキリマメ 215

チガヤ 99
チチコグサ 15
チチコグサモドキ 14
チヂミザサ 179
チョウセンレンギョウ 252
ツクシ（スギナ）107
ツクシスズメノカタビラ 102
ツクバネガシ 232
ツゲ 49
ツタ（ナツヅタ）209
ツツジの仲間（オオムラサキツツジ、クルメツツジ、コメツツジ、サツキ、モチツツジ、ヤマツツジ）36,37
ツバキ 257
ツボミオオバコ（タチオオバコ）23
ツメクサ 55
ツユクサ 177
ツリガネニンジン 203
ツルボ 240
ツルマメ 222
テリハノイバラ 64
トウバナ 29
トウジュロ 269
トウカエデ 272
トキワハゼ 24
ドクダミ 170
トサミズキ 263
トチノキ 143
トベラ 68

### ナ行

ナガイモ 172
ナガミヒナゲシ 160
ナツグミ 42
ナツヅタ（ツタ）209
ナツフジ 152
ナワシロイチゴ 156
ナワシログミ 207
ナンキンハゼ 212
ナンテン 265
ニガイチゴ 156
ニガナ 12
ニシキソウ 148
ニセアカシア（ハリエンジュ）56

ニホンスイセン 267
ニワウルシ 145
ニワゼキショウ 96
ヌスビトハギ 190, 217
ネコハギ 213
ネジバナ 108, 171
ネムノキ 154
ノアザミ 17
ノイバラ 64
ノゲシ 7
ノコンギク 199
ノササゲ 153
ノヂシャ 20
ノハラアザミ 200
ノビル 174
ノブドウ 210
ノボロギク 117
ノミノツヅリ 85

## ハ行

ハクモクレン 79
ハゼノキ（ハゼ）145, 211
ハチク 103
ハチジョウイタドリ 227
ハナイカダ vi
ハナイバナ 35
ハナスベリヒユ（ポーチュラカ）163
ハナニガナ 12
ハナミズキ 39
ハハコグサ 9
ハマヒサカキ 258
ハリエンジュ（ニセアカシア）56
ハルガヤ 104
ハルジオン 3
ヒイラギ 266
ヒイラギナンテン 266
ヒガンバナ 238
ヒサカキ 258
ヒシ 136
ヒナキョウソウ 119
ヒナタイノコヅチ 164
ヒノキ 105
ヒメウズ 76
ヒメオドリコソウ 30

ヒメガマ 183
ヒメコバンソウ 101
ヒメジョオン 115, 190
ヒメスイバ 165
ヒメフジ 152
ヒメムカシヨモギ 193
ヒメヨツバムグラ 18
ビヨウヤナギ 139
ヒヨドリバナ 194
ヒルガオ 129
ヒロハホウキギク 201
ビワ 260
フウ 274
フェニックス（カナリーヤシ）268
フキ 4
フシグロセンノウ 249
フジ 53
フジバカマ 104
フユイチゴ 156
ヘクソカズラ（ヤイトバナ）122
ベニバナトキワマンサク 264
ベニバナボロギク 118
ヘビイチゴ 155
ヘラオオバコ 21
ホウキギク 201
ボケ 262
ホソバアキノノゲシ 195
ボタン vii
ポーチュラカ（ハナスベリヒユ）163
ホトケノザ 31
ポプラ（セイヨウハコヤナギ）91

## マ行

マツバウンラン 25
マダケ 103
マテバシイ 190, 236
マメグンバイナズナ 159
マルバアメリカアサガオ 130
マルバハギ 220
マルバヤハズソウ 221
マンサク 264
ミチタネツケバナ 70
ミツバアケビ 75
ミドリハコベ 86

ミヤコグサ 60
ムクゲ 141
ムスカリ 97
ムラサキ 35
ムラサキカタバミ 52
ムラサキサギゴケ 24
ムラサキツメクサ（アカツメクサ）54
ムラサキハナナ（ショカッサイ）73
メイゲツソウ 227
メキシコマンネングサ 158
メタセコイア 184
メドハギ 214
メヒシバ 182
メマツヨイグサ 135
メリケンカルカヤ 244
モウソウチク 103, 187
モクレン（シモクレン）82
モチツツジ 36
モミジイチゴ 156
モミジバフウ 223, 274
モモ vi, 259

ヨシ（アシ、キタヨシ）180
ヨツバムグラ 18
ヨメナ 199
ヨモギ 190, 202
ラクウショウ 185
ルリトラノオ 27
レンギョウ 252
ワルナスビ 124

## ヤ・ラ・ワ行

ヤイトバナ（ヘクソカズラ）122
ヤエムグラ 19
ヤエヤマブキ 65
ヤツデ 255
ヤハズソウ 221
ヤハズノエンドウ（カラスノエンドウ）59
ヤブガラシ 142
ヤブジラミ 40
ヤブツバキ 257
ヤブヘビイチゴ 155
ヤブマオ 167
ヤマザクラ 67
ヤマナラシ 90
ヤマノイモ 172
ヤマブキ 63, 65
ヤマハギ 220
ヤマモモ 169
ユキノシタ 157
ユキヤナギ 261
ユリノキ 80
ヨウシュヤマゴボウ 225

## キャンパスに咲く花　阪大吹田編

2008年2月29日　初版第1刷発行　　　　　　　　　［検印廃止］

　編著者　福井希一・栗原佐智子
　発行所　大阪大学出版会
　　　　　代表者　鷲田　清一

〒565-0871　吹田市山田丘2-7
大阪大学ウエストフロント
電話・FAX: 06-6877-1614
URL: http://www.osaka-up.or.jp
　印刷所　株式会社　遊文舎

ⓒ K. Fukui & S. Kurihara　2008　　　　　　　Printed in Japan
ISBN978-4-87259-229-0 C1045

Ⓡ〈日本複写権センター委託出版物〉
本書（誌）を無断で複写複製（コピー）することは、著作権法上の例外を除き、禁じられています。本書（誌）をコピーされる場合は、事前に日本複写権センター（JRRC）の許諾を受けてください。
JRRC: http://www.jrrc.or.jp
　　　eメール: info@jrrc.or.jp
　　　電話: 03-3401-2382

人と地球にやさしい
ウ-タ・バインディング™
手で押さえなくても
閉じない製本